Dr. M. RAJASEKAR
JENNITA MARY
S. MEENAMIGAI

PROTECTORES SOLARES: DESENVOLVIMENTOS RECENTES E APLICAÇÕES

Dr. M. RAJASEKAR
JENNITA MARY
S. MEENAMIGAI

PROTECTORES SOLARES: DESENVOLVIMENTOS RECENTES E APLICAÇÕES

ScienciaScripts

Cover image: www.ingimage.com

This book is a translation from the original published under ISBN 978-620-8-06566-9.

Publisher:
Sciencia Scripts
is a trademark of
Dodo Books Indian Ocean Ltd. and OmniScriptum S.R.L publishing group

120 High Road, East Finchley, London, N2 9ED, United Kingdom
Str. Armeneasca 28/1, office 1, Chisinau MD-2012, Republic of Moldova, Europe
Printed at: see last page
ISBN: 978-620-8-14583-5

ÍNDICE

1. INTRODUÇÃO

O protetor solar é um produto vital que ajuda a proteger a nossa pele dos efeitos nocivos dos raios ultravioleta (UV) do sol. É um produto tópico que se apresenta sob várias formas, tais como loções, cremes, géis, sprays e sticks.[1] O principal objetivo do protetor solar é proteger a nossa pele dos raios UVA e UVB, que podem causar queimaduras solares, envelhecimento prematuro e aumentar o risco de cancro da pele. Os raios UVA penetram profundamente na pele e contribuem para o envelhecimento cutâneo, enquanto os raios UVB afectam principalmente as camadas exteriores da pele e são a principal causa das queimaduras solares. O protetor solar funciona absorvendo ou reflectindo estes raios nocivos, impedindo-os de danificar a pele. A eficácia do protetor solar é medida pelo seu fator de proteção solar (FPS), que indica o nível de proteção que oferece contra os raios UVB. Quanto mais elevado for o FPS, maior é a proteção.[2] A diferença de proteção entre os FPS 30, 40 e 50 é relativamente pequena e nenhum protetor solar consegue bloquear 100% dos raios UVB. Recomenda-se a utilização de um protetor solar de largo espetro com um FPS de 30 ou superior para garantir uma proteção adequada contra os raios UVA e UVB. A aplicação correta do protetor solar é crucial para a sua eficácia. Deve ser aplicado generosamente em todas as áreas expostas da pele, pelo menos 15 minutos antes da exposição solar. É necessária uma reaplicação de duas em duas horas, ou mais frequentemente se suar ou nadar, para manter o seu efeito protetor. Para além do protetor solar, é importante tomar outras medidas de proteção solar, como procurar sombra durante as horas de maior intensidade solar, usar vestuário de proteção e usar óculos de sol para proteger os olhos dos raios UV.[3]

Além disso, o protetor solar à base de cromóforos é uma abordagem inovadora à proteção solar que utiliza moléculas específicas conhecidas como cromóforos para absorver e dissipar a radiação UV.[4] Estes cromóforos foram concebidos para absorver seletivamente a luz UV, proporcionando uma proteção eficaz contra os raios UVA e UVB. Ao contrário dos protectores solares tradicionais que se baseiam em filtros físicos ou químicos para bloquear ou dispersar os raios UV, os protectores solares baseados em cromóforos funcionam absorvendo a radiação UV e convertendo-a em formas de energia menos nocivas, como o calor.[5,6] Este mecanismo permite uma proteção eficaz e direcionada contra os efeitos nocivos do sol. As substâncias utilizadas nestes protectores solares são cuidadosamente selecionadas para terem elevadas capacidades de absorção no espetro UV.[7-10] São concebidos para absorver comprimentos de onda específicos da luz UV, assegurando uma proteção de largo espetro. Ao absorverem a radiação UV, os cromóforos impedem que esta penetre na pele e cause danos, como queimaduras solares, envelhecimento prematuro e um risco acrescido de cancro da pele. Têm o potencial de melhorar a fotoestabilidade, o que significa que são menos susceptíveis de se degradarem ou perderem a sua eficácia quando expostos à luz solar. Isto garante que o protetor solar permanece ativo durante mais tempo, proporcionando uma proteção fiável durante a exposição solar. É importante notar que é efectuada uma investigação exaustiva para garantir a segurança e a eficácia dos protectores solares à base de cromóforos. Os organismos reguladores monitorizam de perto estes produtos para garantir que cumprem as normas rigorosas de segurança do consumidor.[11-13]

Figura 1. Representação esquemática de protectores solares baseados em compostos cromóforos e nanopartículas

Além disso, os protectores solares à base de nanopartículas constituem um avanço revolucionário na tecnologia de proteção solar. Estes protectores solares utilizam partículas minúsculas, normalmente com dimensões entre 1 e 100 nanómetros, para proporcionar uma proteção reforçada contra os raios UV nocivos do sol.[14] As nanopartículas utilizadas nestes protectores solares são frequentemente feitas de materiais como o dióxido de titânio ou o óxido de zinco. Estes materiais podem absorver, dispersar e refletir a radiação UV, o que os torna altamente eficazes na proteção da pele contra os raios UVA e UVB.[15-17] O dióxido de titânio e o óxido de zinco são normalmente utilizados em formulações de protectores solares porque são eficazes no bloqueio dos raios UVA e UVB, não são irritantes para a pele e são considerados não tóxicos. Outros óxidos metálicos, como o óxido de ferro e o óxido de alumínio, não são normalmente utilizados em formulações de protectores solares por várias razões. Em primeiro lugar, o óxido de ferro, embora possa proporcionar alguma proteção UV, não é tão eficaz como o dióxido de titânio e o óxido de zinco no bloqueio dos raios UVA e UVB. Além disso, o óxido de ferro pode causar irritação da pele em alguns indivíduos, tornando-o menos desejável para formulações de protectores solares. O óxido de alumínio, por outro lado, não é normalmente utilizado em formulações de protectores solares porque não proporciona uma proteção UV significativa. É mais comummente utilizado noutras aplicações, como abrasivos e como componente de cerâmica, do que em protectores solares. Em geral, o dióxido de titânio e o óxido de zinco são preferidos nas formulações de protectores solares devido à sua eficácia, segurança e ausência de irritação da pele, qualidades que outros óxidos metálicos nem sempre possuem.

Uma das principais vantagens dos protectores solares à base de nanopartículas é o facto de oferecerem uma fórmula transparente e leve. Ao contrário dos protectores solares tradicionais, que podem deixar uma mancha branca na pele, os protectores solares à base de nanopartículas foram concebidos para serem praticamente invisíveis quando aplicados, proporcionando uma opção esteticamente mais agradável. Além disso, estes protectores solares oferecem uma melhor fotoestabilidade, o que significa que têm menos probabilidades de se degradarem ou perderem a sua eficácia quando expostos à luz solar. Isto garante que o protetor solar permanece ativo durante mais tempo, proporcionando uma proteção fiável durante a exposição solar.[18] A vantagem de serem resistentes à água, tornando-os adequados para actividades como a natação ou a transpiração. Aderem bem à pele e mantêm a sua barreira protetora mesmo quando expostos à água ou à transpiração. É importante notar que foi efectuada uma investigação exaustiva para garantir a segurança das nanopartículas utilizadas nos protectores solares. Os organismos reguladores de todo o mundo aprovaram a utilização destas nanopartículas em protectores solares, uma vez que se verificou que não representam um risco significativo para a saúde humana quando utilizadas de acordo com as instruções.[19,20] Este livro centra-se no desenvolvimento de protectores solares baseados em compostos cromóforos e nanopartículas e nas suas aplicações.

2. PROTECTOR SOLAR À BASE DE BENZOFENONA

Um processo de co-precipitação utilizando condições alcalinas produziu hidróxidos duplos em camadas intercalados com dodecilbenzenossulfonato (**1**). Após análise PXRD, FTIR e TGA/DTA, foram utilizados vários processos para reagir os compostos Zn_x Al/SUR com benzofenona neutra. Antes e depois de serem expostos à luz UV, os produtos fabricados a partir da adsolubilização da benzofenona foram examinados por PXRD, FTIR e espetroscopia DRUV-Vis. A benzofenona adsolubilizada tinha geralmente um teor baixo e variava consoante o processo de síntese. O método de irradiação por micro-ondas produziu os melhores resultados, produzindo 9,09% em peso de benzofenona adsolubilizada. Os produtos demonstraram uma forte resistência à radiação UV e uma boa absorção em todo o espetro UV, desde UVC a UVA. São candidatos adequados para a criação da próxima geração de protectores solares, uma vez que não provocaram irritação da pele em testes efectuados em coelhos (**Figura 2a**).[21] Além disso, as benzofenonas (**2**, BPs) são filtros ultravioleta comummente utilizados que têm causado grande preocupação ao público devido à sua possível capacidade de alterar o sistema endócrino. Exploraram exaustivamente o comportamento fotoquímico e o destino destes organismos, que é mediado em ambientes aquáticos pelo nitrato. Os resultados mostraram que a 2,4-dihidroxibenzofenona teve uma taxa de mineralização de 31,6% após 12 horas de irradiação e que 10 μM de 3 BPs podem ser destruídos em 4 horas de irradiação solar simulada numa solução de nitrato 10 mM a pH 8,0. As suas taxas fotolíticas (k_{obs}) mostraram uma associação linear substancial com os valores logarítmicos da concentração de nitrato para 0,1-10 mM, e em três águas reais, as taxas de BP foram igualmente associadas de forma significativa ao teor intrínseco de nitrato. Adicionalmente, foram observadas taxas de transformação mais elevadas em condições alcalinas, especialmente para o BP, cujos kobs a pH 10 foram 8,3 vezes mais elevados do que a pH 6,0. Além disso, o oxigénio dissolvido (OD) também tem algum impacto na cinética da reação. De acordo com as experiências de extinção, as três espécies reactivas de oxigénio

(ROS), nomeadamente -OH, -NO e -NO_2participaram nesta fotólise do PB, e a contribuição do -OH foi de 32,1%. A molécula modelo utilizada para examinar as alterações de toxicidade e as vias de transformação neste sistema é o PB. Com base no exame dos dados de espetrometria de massa por cromatografia líquida quadrupolo time-of-flight e na teoria do funcional da densidade, foram postuladas quatro vias primárias de transformação: hidroxilação, nitrosilação, nitração e dimerização. *A bactéria Photobacterium phosphoreum* considerou os intermediários produzidos mais nocivos do que o PB original no teste de toxicidade. Por conseguinte, estes resultados contribuem para a elucidação dos processos de fototransformação e para a avaliação dos possíveis riscos ecológicos associados aos BPs em ambientes aquáticos (**Figura 2b**).[22]

a)

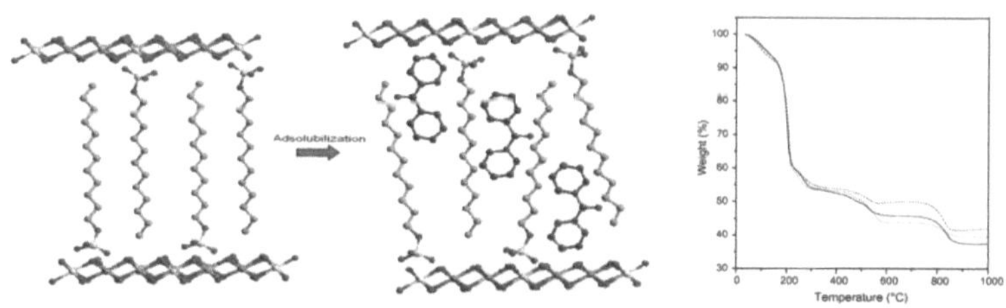

1

b)

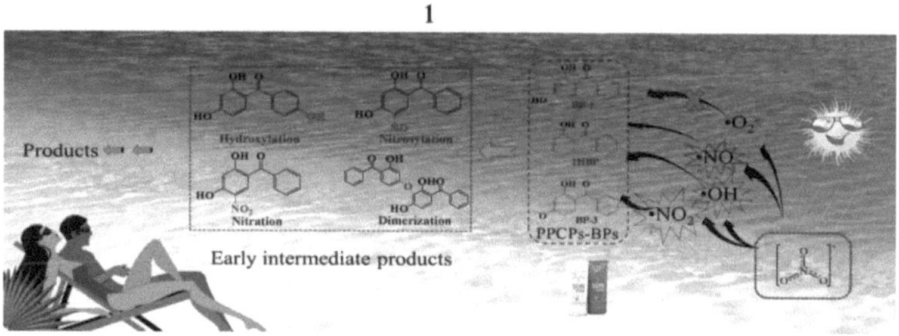

2

Figura 2. a). Tensioactivos aniónicos dos protectores solares à base de benzofenona (**1**). b). Propriedades fotoquímicas dos protectores solares à base de benzofenona (**2**).

Os ingredientes dos protectores solares foram criados para proteger a pele dos raios UV. No entanto, muitos dos ingredientes dos protectores solares orgânicos incluem moléculas minúsculas que são absorvidas pela pele das pessoas após a utilização tópica, causando efeitos negativos sistémicos. Utilize um polímero e uma substância orgânica de proteção solar para reduzir os efeitos secundários dos protectores solares tradicionais. É escolhido um protetor solar orgânico chamado dioxibenzona (**3**) e é utilizado o polímero natural pullulan para o polimerizar. A dioxibenzona recebe uma longa espinha dorsal de polímero através da polimerização, que também mantém a distância entre os seus anéis de benzeno e impede que a intensidade de fotoabsorção diminua. A espetrofotometria UV/vis provou que os padrões de absorção UV do polímero de dioxibenzona-pullulano (DOB-PUL) e da dioxibenzona (DOB) eram idênticos. A célula de difusão de Franz foi utilizada para avaliar a acumulação de componentes de proteção solar na pele e estabelecer que a DOB se acumula enquanto a DOB-PUL não. Mais importante ainda, a DOB demonstrou uma maior concentração plasmática do que a DOB-PUL após numerosas administrações (**Figura 3a**).[23] A fotodegradação do 4-OH-BP3 e do BP-3 (**4**) foi examinada em água doce, no oceano e em água pura. Os resultados revelam que as formas neutras do BP-3 e do 4-OH-BP3 resistem mais à fotodegradação do que as formas aniónicas em água pura, e que a fotodegradação direta de ambos apresenta uma considerável dependência da especiação. Entretanto, a transformação fotoinduzida de ambos os compostos é significativamente ajudada pela fotodegradação indireta causada por espécies reactivas, em particular DOM. Enquanto ^{3}DOM* e *OH são os principais responsáveis pela fotodegradação indireta em água doce, é ^{3}DOM* que o faz em água salgada (**Figura 3b**).[24]

a)

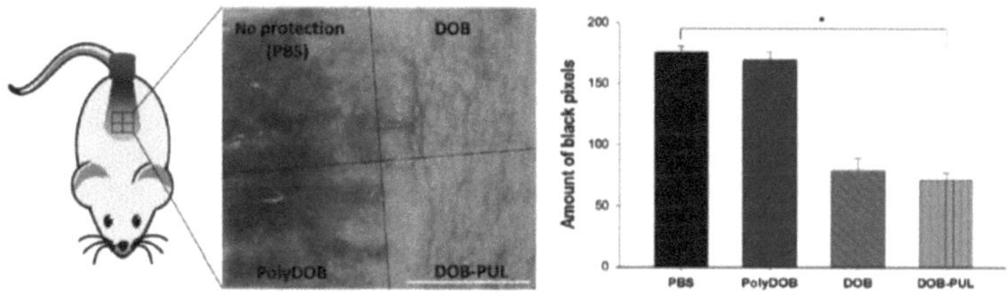

3

b)

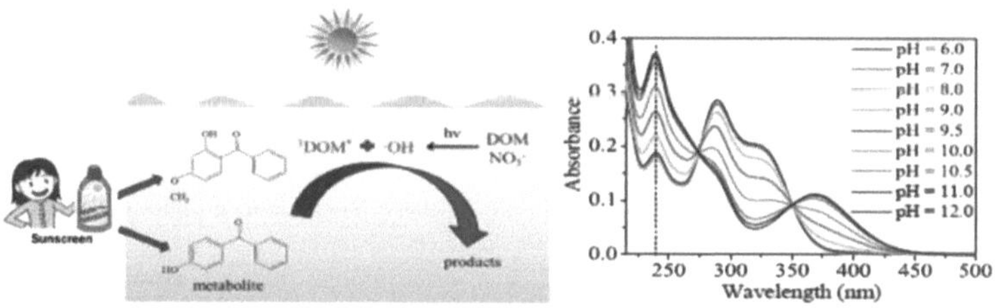

4

Figura 3. a). Conjugados polissacárido-benzofenona de proteção solar (**3**). b). Conversão fotoquímica do agente de proteção solar benzofenona-3 (**4**).

Em água rica em brometo clorado, foi examinada a mutagenicidade de quatro filtros UV orgânicos: oxibenzona, dioxibenzona, avobenzona e metoxicinamato de octilo. O teste de Ames foi utilizado para avaliar a mutagenicidade da Salmonella typhimurium TA98 sem a mistura S9. Para clarificar os produtos de transformação mutagénicos, foi utilizada a espetrometria de massa de alta resolução na análise química. Apenas a dioxibenzona (**5**) dos filtros UV testados mostrou uma atividade carcinogénica flagrante após ter sido clorada em água do mar numa proporção de 1:10. No entanto, quando o cloro foi introduzido em concentrações mais elevadas, não foi observada qualquer atividade mutagénica. Os extractos mutagénicos incluíam vários produtos de transformação da dioxibenzona bromada, de acordo com análises de espetrometria de massa de alta resolução. O exame do curso temporal dos produtos de transformação em doses crescentes de cloro revelou que estes eram instáveis e desapareciam mais rapidamente. Uma vez que não foram encontrados produtos de transformação, esta instabilidade explicou que a dioxibenzona não apresentava atividade mutagénica quando se aplicava 1000 vezes mais cloro. Discute-se a aplicabilidade destes resultados ao ambiente das piscinas. Para avaliar o efeito total de quantidades elevadas de cloro na mutagenicidade global, é necessária mais investigação que tenha em conta a mutagenicidade tanto dos subprodutos finais da desinfeção como dos produtos de transformação intermédios. Este estudo sublinha a importância crucial de ter em conta a reatividade dos filtros UV orgânicos e os compostos em que se transformam ao criar fórmulas de proteção solar em águas de recreio limpas (**Figura 4a**).[25] Além disso, a benzofenona (**6**) é um desregulador endócrino, mutagénico e cancerígeno. Nos EUA, é proibida a sua presença em alimentos ou embalagens de alimentos. A benzofenona não é permitida em quaisquer produtos de cuidados da pele, incluindo protectores solares, cremes anti-envelhecimento e hidratantes, ao abrigo da Proposta 65 da Califórnia. O presente estudo procurou determinar se a benzofenona era um ingrediente comum numa variedade de protectores solares com factores de proteção solar/produtos de proteção solar disponíveis no mercado, se a sua concentração aumentava com o tempo e se a degradação do octocrileno era a fonte mais provável de contaminação por benzofenona. Oito protectores solares comerciais dos Estados Unidos e nove da União Europeia foram testados quanto ao teor de benzofenona em triplicado. Duas fontes de octocrileno foram testadas com apenas um componente. A técnica de envelhecimento acelerado da estabilidade da Food and Drug Administration dos Estados Unidos foi utilizada para testar estes produtos SPF idênticos durante 6 semanas. Nos artigos que envelheceram mais rapidamente, foi detectada a benzofenona. As aquisições recentes de dezasseis linhas de produtos contendo octocrileno apresentaram um teor médio de benzofenona de 39 mg/kg, variando entre 6 mg/kg e 186 mg/kg. Não era detetável no produto que não continha octocrileno. Depois de submeter os 17 produtos ao método de estabilidade acelerada da FDA dos EUA, os 16 produtos que contêm octocrileno apresentavam uma concentração média de 75 mg/kg, variando entre 9,8 mg/kg e 435 mg/kg.

a)

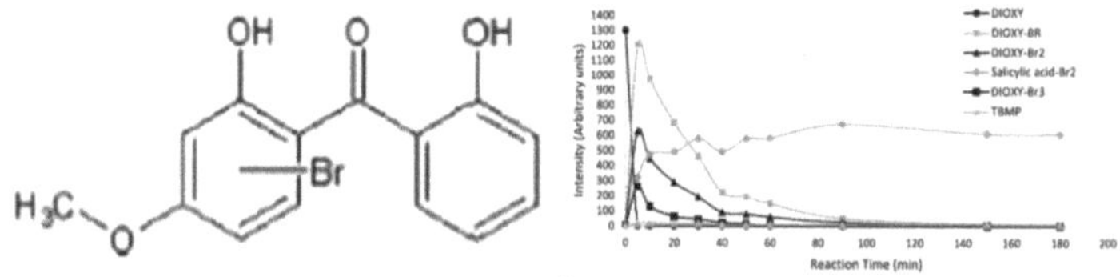

5

b)

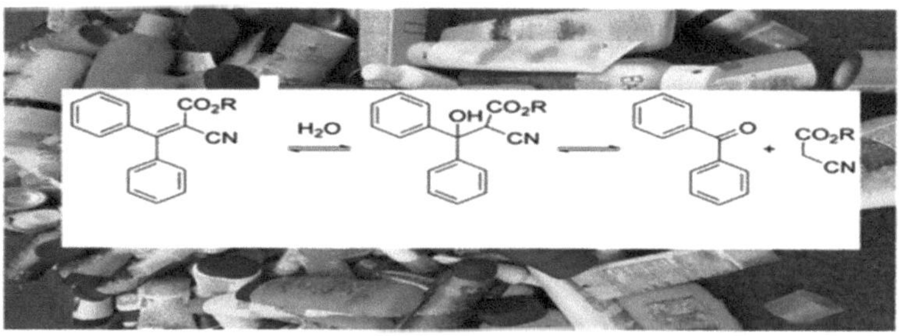

6

Figura 4. a). Protetor solar com filtro UV de dioxibenzona (**5**). b). A benzofenona acumula-se com base em produtos de proteção solar (**6**).

A substância que não incluía octocrileno não continha qualquer benzofenona. O componente produzido para o octocrileno puro continha benzofenona. O octocrileno sofre uma condensação retro-aldol para produzir benzofenona. Na vida real, a pele pode absorver até 70% da benzofenona incluída nestes cremes de proteção solar. A FDA dos EUA criou uma política de tolerância zero para o ingrediente alimentar benzofenona. Em 2019, foram vendidos 2999 produtos SPF com octocrileno nos EUA. A eficácia do octocrileno como gerador de benzofenona em FPS ou outros produtos de consumo deve ser rapidamente avaliada pelos órgãos reguladores (**Figura 4b**).[26]

A deteção frequente de vestígios de benzofenona-1 (**7**) em cursos de água recreativos e ambientais tem suscitado a preocupação do público. A sua sensibilidade ao cloro persistente e a sua capacidade de provocar perturbações endócrinas não são claras. Os investigadores analisaram o teor de cloração da BP-1 na água das piscinas e avaliaram o impacto no sistema endócrino do recetor de androgénio humano (AR). A espetrometria de massa e a espetroscopia de correlação NMR foram utilizadas para distinguir e descrever as estruturas dos produtos mono e diclorados. Em experiências de dois híbridos de levedura, demonstrou uma eficácia antiandrogénica visivelmente superior à do BP-1 (12,89 μM). Embora o aumento das interações hidrofóbicas seja o principal responsável pela melhoria da afinidade de ligação entre os produtos à base de cloro e o domínio de ligação do ligando AR, a segunda forma de cloreto em P2 ainda prejudica o movimento do complexo devido à penalidade de solvatação, de acordo com cálculos de energia adicionais. As simulações de dinâmica molecular acelerada Gaussiana de 350 ns mostraram que a dinâmica da proteína está num equilíbrio de longa escala de tempo. De acordo com o modelo de adição de concentração, a combinação de BP-1, P1 e P2 desencadeou uma ação antiandrogénica aditiva. NKX3.1 e KLK3 são genes regulados por AR, e P1 e P2 a 1μ M reduziram a sua expressão de mRNA em 1,7-9,1 vezes em células LNCaP activadas por androgénio. Uma vez que o cloro residual em ambientes aquáticos clora naturalmente, as descobertas do BP-1 sobre o aumento da atividade antiandrogénica e a interrupção da sinalização do AR ofereceram provas que ligam a utilização de artigos de higiene pessoal a possíveis problemas de saúde (**Figura 5a**).[27] No entanto, os componentes do filtro UV em muitas loções de proteção solar incluem a benzofenona-8 (**BP-8**) e a benzofenona-3 (8, BP-3). No modelo de adipogénese que utiliza a medula óssea de células estaminais mesenquimais humanas (hBM-MSCs), foi esclarecida a ação obesogénica da avobenzona, um filtro de UV A de onda longa. Devido às semelhanças químicas entre o BP-3 e o BP-8 e a avobenzona, os potenciais obesogénicos destes compostos foram examinados neste trabalho.

a)

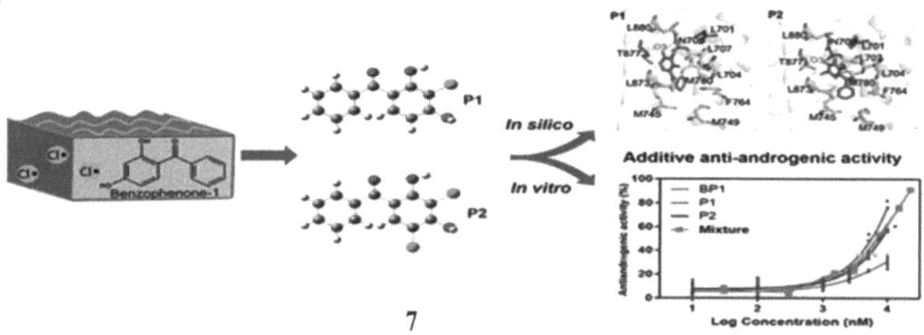

7

b)

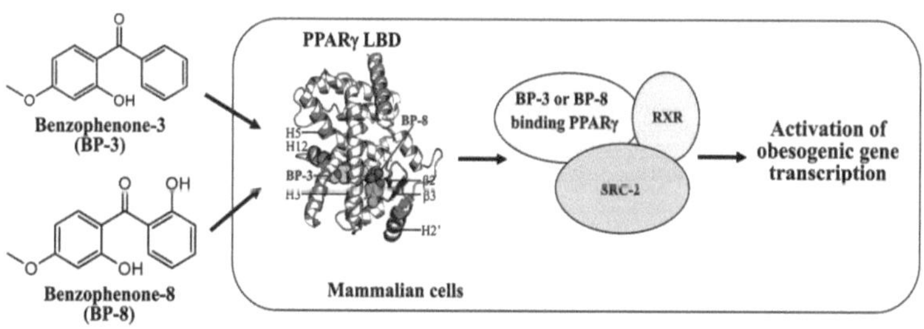

8

Figura 5. a). Estudo de Simulações de Dinâmica Molecular da Benzofenona-1 (**7**). b). Atividade obesogénica da benzofenona-3 e da benzofenona-8 (**8**).

Mais eficazmente do que a avobenzona, o BP-3 e o BP-8 estimularam a libertação de adiponectina durante a adipogénese em hBM-MSCs. Tanto o BP-3 como o BP-8 estão diretamente ligados ao receptorγ ativado por proliferador de peroxissoma (PPARγ) durante a identificação do alvo, que foi acompanhada pelo recrutamento do coactivador-2 do recetor de esteróides (SRC-2). Enquanto o BP-8 era um agonista parcial do PPARγ, o BP-3 funcionava como um agonista completo do PPARγ. Além disso, os queratinócitos epidérmicos humanos, um alvo chave dos filtros UV na pele humana, aumentaram muito a transcrição do gene de

PPARα, PPARγ e importantes enzimas associadas ao metabolismo lipídico. São substâncias ambientais obesogénicas como os organoestânicos, os ftalatos e os bisfenóis (**Figura 5b**).[28]

Os filtros UV da classe das benzofenonas (**9**) são substâncias estrogénicas amplamente utilizadas em protectores solares, o que suscita preocupações quanto à exposição humana. Em 50 itens de 44 marcas que foram oferecidos nos Estados Unidos em 2021, 14 filtros UV BP foram testados para medir a exposição a derivados BP em protetores solares. Foi encontrado em cerca de ≥70% das amostras. Os 50 itens tinham uma concentração média geométrica (GM) de 6600 ng/g para o total desses BPs ($\sum_{14}$PAs). O seu conteúdo em produtos contendo oxibenzona era 5-6 ordens de magnitude maior do que em produtos "sem oxibenzona", tornando-o o PB predominante nesses produtos. Mesmo os produtos com o rótulo "sem oxibenzona" continham-no em mais de 90% das amostras testadas. Os produtos que contêm octocrileno apresentavam concentrações cerca de 100 vezes superiores às dos produtos "sem octocrileno" (GM: 15900 vs. 151 ng/g). As dosagens de exposição dérmica de BP-3 de produtos contendo oxibenzona (GM: 4140 000 ng/kg de peso corporal (PC)/dia) e BP de alguns (24%) artigos contendo octocrileno (GM: 12 200 ng/kg de PC/dia) foram superiores aos níveis de referência (2 000 000 e 30 000 ng/kg de PC/dia para BP-3 e BP, respetivamente). Este estudo mostra que as concentrações de BP e BP-3 nos cremes de proteção solar variam consideravelmente e podem ser significativas mesmo em artigos marcados como isentos de oxibenzona ou octocrileno, o que suscita preocupações contínuas sobre a exposição cutânea (**Figura 6a**).[29] A cromatografia em camada fina foi utilizada para extrair a benzofenona-4 (**10**, BZ4) dos tensioactivos, corantes, conservantes e outros ingredientes do champô para cabelos. A fase estacionária foi gel de sílica 60, enquanto a fase móvel foi um tampão de fosfato de acetato de etilo-etanol-água-pH 6. A 285 nm, os cromatogramas foram analisados por densitometria. A curva de calibração densitométrica do BZ4 tem uma forma não linear e um valor $R > 0{,}999$. Aproximadamente 0,03 e ca. 0,1 μg

$spot^{-1}$respetivamente, serviram como limites de deteção e quantificação. Os resultados da espetrofotometria UV utilizando as derivadas zero e segunda foram contrastados com os da densitometria HPTLC. As curvas de calibração das técnicas espectrofotométricas foram lineares com R > 0,9998. A técnica cromatográfica foi totalmente validada (**Figura 6b**).[30]

a)

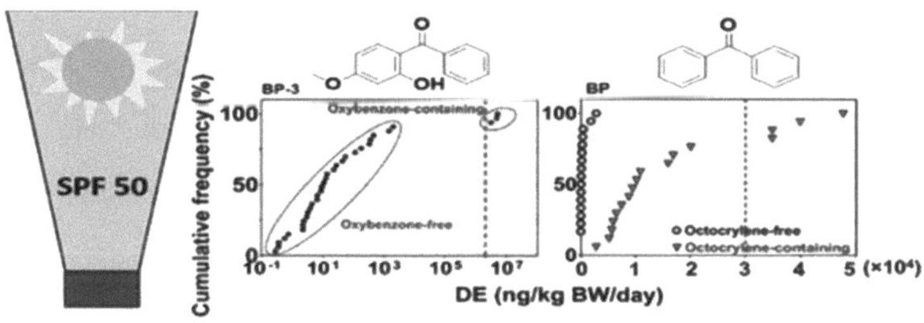

9

b)

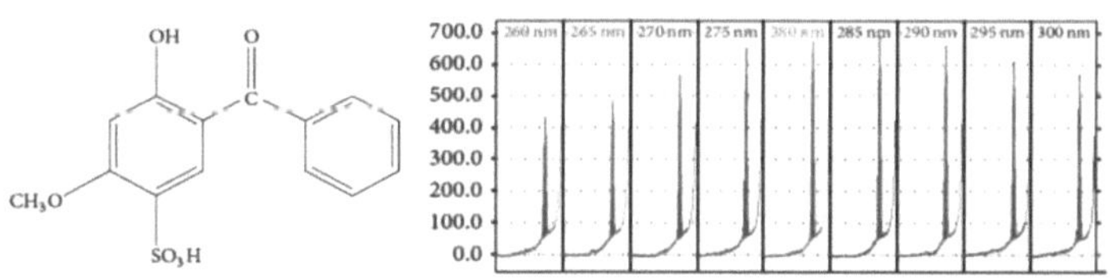

10

Figura 6. a). Derivados de benzofenona de filtros UV em produtos de proteção solar (**9**). b). Interações hidrofílicas de protectores solares à base de benzofenona-4 (**10**).

O potencial candidato terapêutico 7-epi-clusianona (**11**, 7-EPI) é uma benzofenona prenilada de ocorrência natural que é isolada dos frutos da *Garcinia brasiliensis*. Foi utilizada uma técnica de indicação de estabilidade concebida e aprovada por LC-UV para avaliar a estabilidade intrínseca da benzofenona. Foi encontrado um produto de degradação oxidativa significativo, e a degradação do 7-EPI sob oxidação forçada seguiu uma cinética de primeira ordem. Na sequência de uma reação num método do tipo Baeyer-Villiger, a elucidação estrutural deste novo composto revelou que um átomo de oxigénio foi estabilizado por uma ressonância entre duas porções de carbonilo. A benzofenona prenilada, encontrada como 7-epi-oxi-clusianona, pode ser investigada como um possível candidato terapêutico ou ingrediente de proteção solar (**Figura 7a**).[31] Uma classe de compostos conhecidos como filtros UV do tipo benzofenona (**12**) é frequentemente utilizada em produtos de proteção solar para impedir que a radiação UV danifique a pele humana. Foram também investigados como desreguladores endócrinos, hepatotóxicos e pneumotóxicos in vitro e in vivo. As grandes cidades da China foram o foco da investigação sobre a exposição humana aos BPs, enquanto as regiões rurais não foram consideradas. Na província de Guangdong, China, este estudo avaliou e comparou as concentrações na urina de cinco BPs. Além disso, foram investigados os padrões de correlação e os perfis de composição de vários BPs. Os autores recomendaram níveis elevados de exposição a BP-3 e 4-OH-BP nas regiões rurais. As concentrações de BP-1 e 4-OH-BP na urina mostraram associações positivas significativas, assim como as concentrações de BP-1 e BP-3 na urina. Este estudo abordou várias questões cruciais para estimar a exposição humana e forneceu dados cruciais para calcular os perigos para a saúde e a exposição à PA dos residentes rurais (**Figura 7b**).[32]

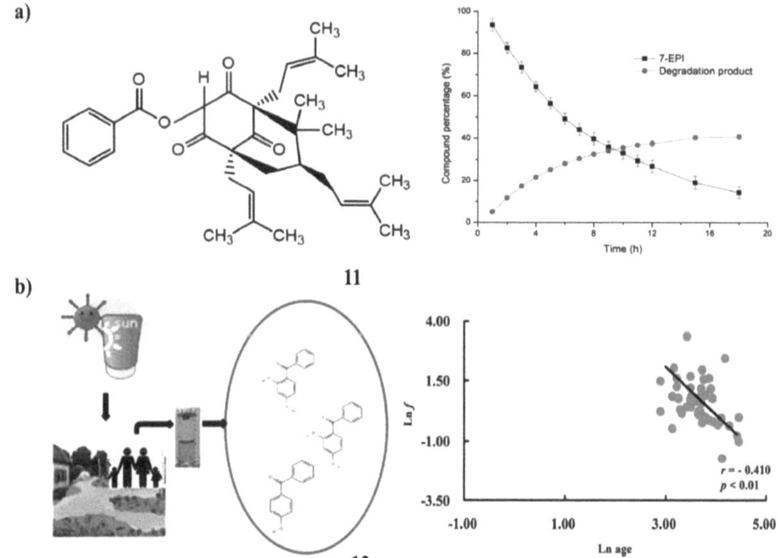

11

12

Figura 7. a). Estudo LC-UV da benzofenona prenilada (**11**). b). Tipo de benzofenona urinária de filtros UV em protectores solares (**12**).

A benzanulação [2+2+2] altamente regiosselectiva de 3-formilcromonas com ésteres β-enamino, a síntese catalisada por índio (III) de vários derivados de 2-hidroxibenzofenona funcionalizados (**13**), produziu rendimentos excelentes a bons. Uma reação de dominó Michael/retro-Michel/6π-electrociclização/deformilação conduz a progressão deste processo de benzanulação. Além disso, as cromen-4-onas 3-substituídas e os ésteres β-enamino foram combinados para formar 2-hidroxibenzofenonas através de um processo de benzanulação [4+2] que foi catalisado por índio(III). Além disso, as propriedades do espetro UV-Vis das 2-hidroxibenzofenonas produzidas foram estudadas relativamente aos substituintes e à conjugação π. Em comparação com o ingrediente de proteção solar mais utilizado, a oxibenzona, demonstrou uma maior atividade de proteção UV (**Figura 8a**).[33] As NPs de ZnO, por outro lado, foram criadas especificamente para reter Bp-3 (**14**) e demonstraram uma libertação recorrente a pedido, encapsulamento e sensibilidade à radiação UV, bem como uma citotoxicidade mínima para as células da pele. Existem potenciais utilizações de proteção solar para as NPs de ZnO carregadas com Bp-3 (**Figura 8b**).[34]

a)

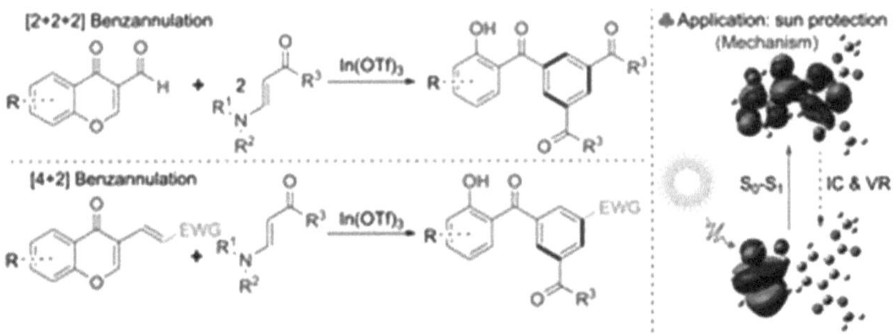

b)

13

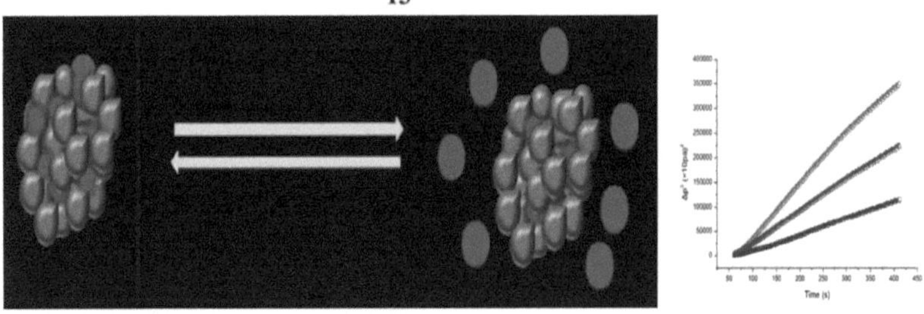

14

Figura 8. a). Proteção solar da benzanulação catalisada por índio(III) (**13**). b). Proteção da pele por nanopartículas de ZnO à base de benzofenona-3 (**14**).

As 3-formilcromonas e os aldeídos α,β-insaturados como materiais de partida, criaram uma técnica ecológica controlada por organocatalisador para a síntese altamente selectiva de estruturas polifuncionalizadas de 2-hidroxibenzofenona (**15**), que incluem 2-hidroxi-3'-formilbenzofenonas. O procedimento único utiliza organocatalisadores que são seguros para o ambiente, facilmente acessíveis, económicos, não tóxicos e operacionalmente simples. Os compostos recém-criados foram efetivamente utilizados em processos de alquenilação e alquilação C-H para criar materiais novos e intrigantes para a biologia. Comparando as moléculas criadas com o componente de proteção solar amplamente acessível, a oxibenzona, estas demonstraram caraterísticas fotoprotectoras mais elevadas (**Figura 9a**).[35] Uma vez que as benzofenonas (**16**) são filtros UVA e UVB eficientes, são frequentemente utilizadas na indústria. Na Europa, os protectores solares são obrigados a conter benzofenona-3, geralmente em combinação com filtros adicionais como o octocrileno. Estes filtros devem ser monitorizados, uma vez que a luz UV pode torná-los mutagénicos e o octocrileno pode transformar-se em BPs. Para separar e identificar os BPs em produtos de proteção solar com possíveis resultados, a extração líquido-líquido foi seguida de microextracção por imersão direta na fase sólida (LLE-DI-SPME). Verificou-se que a fibra SPME mais eficiente era a fibra de poliacrilato após o ajuste de factores como o solvente de extração, o pH, a adsorção, a duração da dessorção, a agitação, o efeito de saturação e a presença de solventes orgânicos. A cromatografia gasosa e a espetrometria de massa foram utilizadas para a deteção e quantificação. A gama linear variou de 0,16 a 2000 µg kg^{-1}enquanto os limites de deteção dos parâmetros analíticos foram de 0,05 a 0,10 µg kg^{-1}. A recuperação do método variou de 83 a 103% e a sua precisão de 3,2 a 18,7% de desvio-padrão relativo (RSD) foi boa, sem mostrar um grande impacto da matriz. A abordagem DI-SPME foi um desafio e as amostras eram complicadas, mas o método resistiu bem. A abordagem sugerida identificou efetivamente 10 BPs em 6 cremes de proteção solar distintos. Os protectores solares incluíam um total de 165 a 931 mg kg^{-1} de PBs, sendo que o PB-3 foi encontrado em todas as amostras em níveis que variaram de 4,2 a 740 mg kg^{-1} (**Figura 9b**).[36]

a)

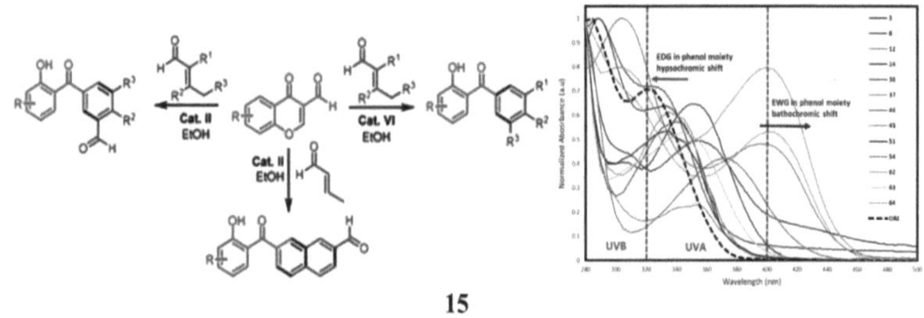

15

b)

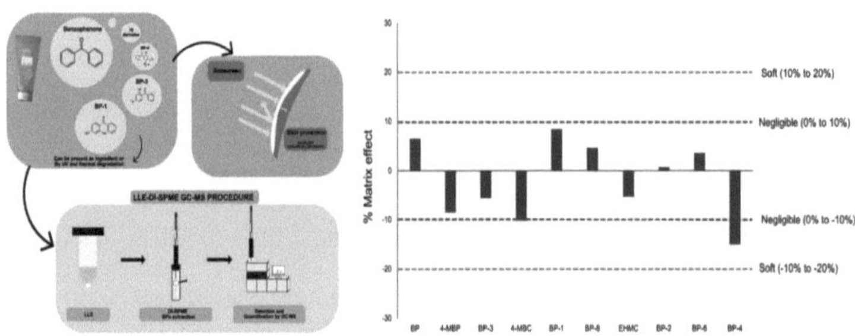

16

Figura 9. a). Estudo de filtros UV-A/B da benzanulação em cascata (**15**). b). Microextracção em fase sólida por imersão direta de derivados de benzofenona (**16**).

Em todas as categorias etárias, sexos e grupos raciais/étnicos, existe uma correlação positiva entre a frequência de utilização de protetor solar auto-relatada e o BP-3 na urina. Embora estes resultados indiquem uma relação significativa entre a utilização auto-relatada e o biomarcador BP-3 (**17**) para a utilização real de protetor solar, será necessária mais investigação para determinar se é possível melhorar o biomarcador para a utilização real, bem como validar a utilização auto-relatada de protetor solar através de perguntas mais específicas sobre a quantidade de protetor solar utilizada, o número de dias utilizados por semana, a frequência com que o protetor solar é aplicado novamente durante o dia e o FPS típico utilizado (**Figura 10a**).[37] A análise térmica e a PAS revelaram que o BZ-3 (**18**) e o HPCD seriam complexos numa relação estequiométrica de 2:1. O exame histológico não revelou qualquer reatividade dos tecidos quando foram utilizadas formulações que continham o complexo. A penetração do protetor solar foi igualmente mínima de acordo com o PAS, o que é consistente com os resultados da utilização do PAS. Como resultado, é vantajoso empregar o complexo BZ-3-HPCD em composições de proteção solar. Além disso, a PAS é uma tecnologia que pode ser usada com outros métodos mais tradicionais para examinar os CDs que criam complexos de inclusão e a profundidade com que os complexos penetram na pele. Tendo em conta estes resultados, pode concluir-se que a formulação que contém o complexo BZ-3-HPCD é uma boa opção para aumentar a eficácia das composições de proteção solar e que a PAS pode ser um método valioso para avaliar a sensibilidade aos raios UV destas formulações (**Figura 10b**).[38]

a)

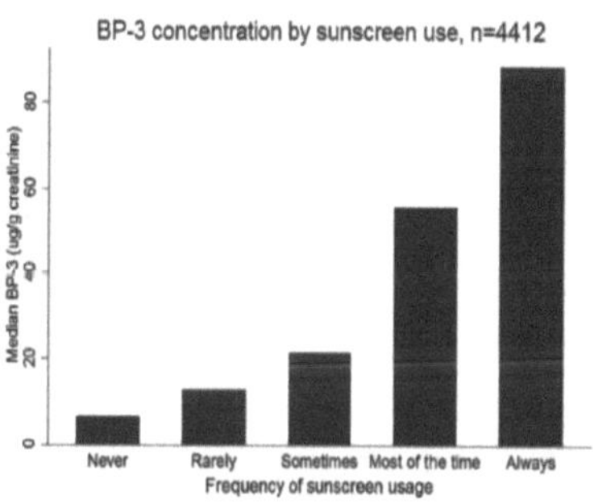

17

b)

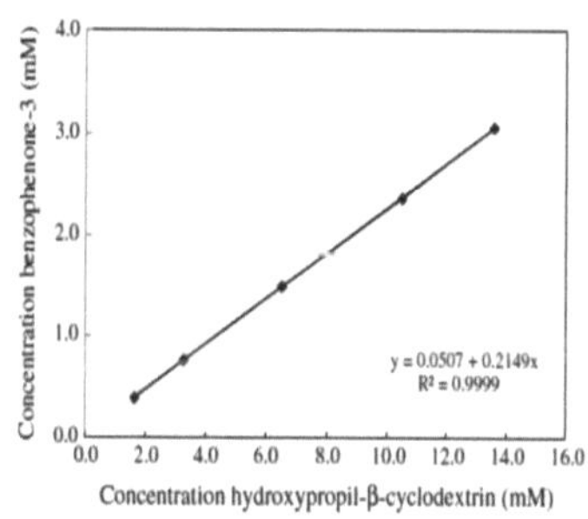

18

Figura 10. a). Aplicação de protetor solar de benzofenona-3 urinária (**17**). b). Estudo de espetroscopia fotoacústica da benzofenona-3-hidroxipropil-β-ciclodextrina (**18**).

Os protectores solares à base de benzofenona oferecem uma proteção de largo espetro contra os raios UVA e UVB, tornando-os eficazes na prevenção de queimaduras solares e danos na pele. No entanto, algumas benzofenonas têm sido associadas a potenciais efeitos desreguladores das hormonas e a preocupações ambientais, o que levou à restrição da sua utilização em determinadas regiões e formulações.

3. PROTECTOR SOLAR À BASE DE FLAVONÓIDES

A emulsão de proteção solar fitocosmética (**19**) tem propriedades antioxidantes e uma combinação de extractos de plantas ricos em flavonóides. Os elementos de proteção solar, a atividade antioxidante, a sensibilidade da pele, a fotoestabilidade, a permeabilidade cutânea e a retenção de flavonóides foram avaliados in vitro. Após o carregamento da mistura de extractos, foram produzidas emulsões termodinamicamente estáveis e examinadas para análise sensorial. Quando mantida a baixas temperaturas, a emulsão era estável; no entanto, após 120 dias, as concentrações de quercetina e rutina, que eram 2,8 ± 0,39 µg/mL e 30,39 ± 0,39 µg/mL, respetivamente, estavam acima dos seus limites de quantificação. Verificou-se que um produto tópico padrão tinha igual capacidade de espalhamento, baixa força de rutura e adesividade. O protetor solar fitocosmético descoberto também apresentou caraterísticas pseudo-plásticas, viscoelásticas e de fragilidade mais elevadas. O produto demonstrou um comprimento de onda essencial de 387,0 nm e uma eficiência de raios UV A e B (UVA/UVB) de 0,78, demonstrando que a formulação produzida tem capacidade de proteção UVA/UVB, defendendo a pele contra danos relacionados com a radiação UV. Foi demonstrado que a rutina atravessa a barreira física da pele e é medida no estrato córneo (3,27 ± 1,92 µg/mL) através de um teste de remoção e retenção de fita (114,68 ± 8,70 µg/mL). Através de um ensaio in vitro, o fitocosmético enriquecido com flavonóides desenvolvido demonstrou não ser irritante para a pele (**Figura 11a**). [39] O número de ingredientes naturais utilizados como agentes activos em protectores solares está em constante crescimento e um deles são as microalgas, especificamente *a Spirulina plantesis* (**20**), uma cianobactéria que absorve naturalmente compostos UV, em particular flavonóides, nas suas células. Devido à sua capacidade de aumentar o FPS e absorver o maior comprimento de onda dos raios UV, os flavonóides têm potencial para serem utilizados como componentes activos em protectores solares. Para obter a melhor estabilidade do creme e classificações de FPS das formulações de creme de proteção solar, é variado no intervalo de 1-10% w/w e a proporção de azeite para cera de candelilla também foi ajustada, com valores de 10:1 e 5:1. Com base nos resultados, o composto flavonoide total nas amostras de base de microalgas secas e frescas foi determinado como sendo 22,10 mg/g e 10,91 mg/g, respetivamente. A melhor formulação de proteção solar neste estudo tinha 7% (w/w) de extrato de microalgas e uma proporção de 35:7 de azeite para cera de candelilha. Esta formulação tem uma forte pontuação de estabilidade (17,33 em 20) e uma boa classificação SPF (29,06), que é classificada como ultra-SPF. Uma vez que o total de microrganismos ainda se encontrava abaixo do total microbiano necessário do SNI e não irritava a pele, o protetor solar contendo flavonóides derivado do extrato de microalgas é seguro para utilização (**Figura 11b**).[40]

a)

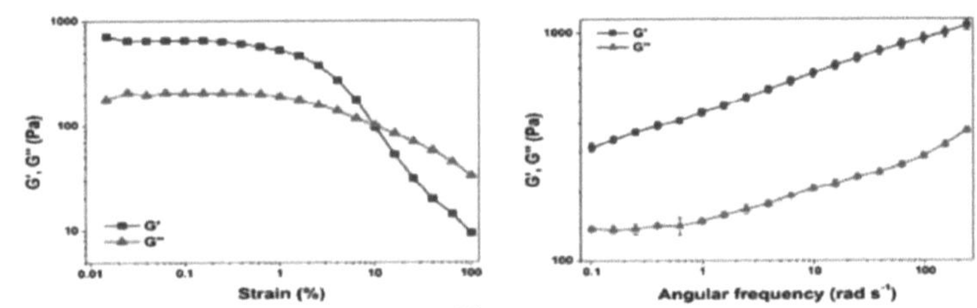

19

b)

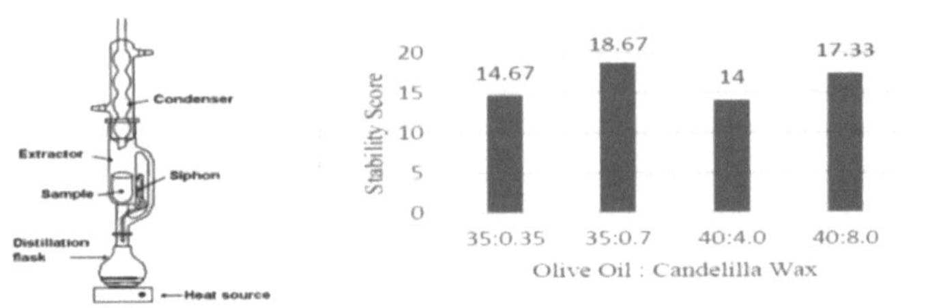

20

Figura 11. a). Formulação de proteção solar de compostos flavonóides (**19**). b). Valores SPF da *Spirulina platensis* para flavonóides (**20**).

Os produtos químicos fenólicos naturais podem ser encontrados a baixo custo no líquido da casca da castanha de caju (**21**, CNSL), que tem uma vasta gama de utilizações. Estes filtros UV sintéticos, que são predominantes nos protectores solares comercializados, contêm cromóforos com estruturas químicas idênticas às destes compostos fenólicos. Neste estudo, foram examinados os efeitos dos solventes no rendimento do CNSL bruto, no teor de fenóis totais (TPC), no teor de flavonóides totais (TFC) e no fator de proteção solar. O hexano teve o rendimento mais baixo (30,4 ± 0,7%), enquanto o etanol teve o maior (49,3 ± 3,2%), de acordo com o intervalo de rendimento percentual. Os resultados mostraram que a extração por solvente afecta significativamente o rendimento e o SPF do CNSL. Uma vez que tem um excelente TPC e SPF, pode ser o solvente ideal para a extração de CNSL (**Figura 12a**).[41] A DFT e a TD-DFT ao nível da teoria M05-2X/6-311++G(3df, 3p)//M05-2X/6-31+G(d) foram utilizadas para investigar as caraterísticas fotoprotectoras de dois derivados de acridona de ocorrência natural (**22**). Na fase gasosa, na água e no thanoato de pentilo, foram examinadas três vias típicas definidas para as caraterísticas antioxidantes, incluindo a transferência de átomos H (HAT), a transferência de protões (PT) para radicais HOO* / HO* e a transferência de um único eletrão (SET). De acordo com os resultados DFT, ambos os compostos eliminam eficazmente os radicais HOO* e HO* em todos os meios, utilizando o mecanismo HAT. A reação mais preferida para o radical HO* em água é a reação HAT (ΔH -37,7 kcal/mol). Além disso, o TD-DFT foi utilizado para clarificar a capacidade efectiva de absorção de UV do composto examinado. Todas as substâncias podem absorver raios UV na gama 200-335 nm, com as excitações mais simples a ocorrerem entre 334-332 nm e as absorções mais elevadas a ocorrerem entre 234-227 nm. A absorção UV equivalente é dada pelas transições HOMO para LUMO e HOMO-3 para LUMO (π-π*) (**Figura 12b**).[42]

a)

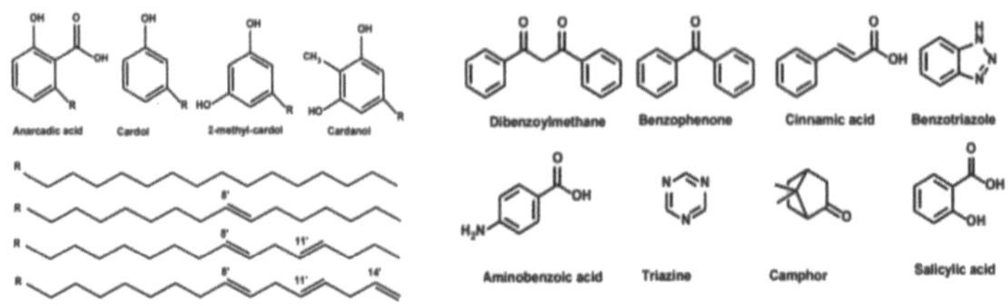

21

b)

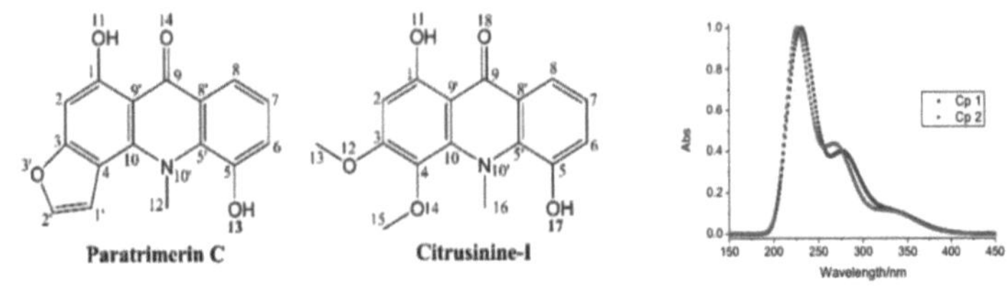

22

Figura 12. a). Líquido da Casca da Castanha de Caju de Proteção Solar (**21**). b). Propriedades Fotoprotectoras dos Derivados da Acridona (**22**).

São adicionados dois a oito por cento dos flavonóides antioxidantes naturais (**23**). A medição do fator de proteção solar e a ligação com a atividade antioxidante foram utilizadas para monitorizar as propriedades fotoprotectoras dos cremes (três tipos de TiO_2 NPs (UV-Titan M161 e M212 e M170 produzidos pela KEMIRA) in vitro. Durante o processo de irradiação, as misturas de TiO_2 + flavonóides produzem a amplificação do valor SPF devido ao impacto fotocatalítico do pigmento TiO_2 e da bis-etil-hexiloxifenol-metoxifeniltriazina (BEMT), que é testada na base de colagénio. A combinação de TiO_2 , BEMT e flavonóides do creme proporciona fotoprotecção UVA e UVB (**Figura 13a**).[43] Além disso, as folhas de *Elaeocarpus floribundus* (**24**) blume são utilizadas há muito tempo como remédio para várias doenças; a sua infusão de água quente é utilizada como gargarejo para curar gengivas doridas e aliviar a artrite reumatoide. Além disso, demonstrou-se que o conteúdo fenólico total do seu extrato metanólico é muito elevado. Comparando os vários extractos, o extrato metanólico da folha de *E. floribundus* blume apresentou a maior quantidade de TFC e o maior potencial de ação protetora solar (**Figura 13b**).[44]

a)

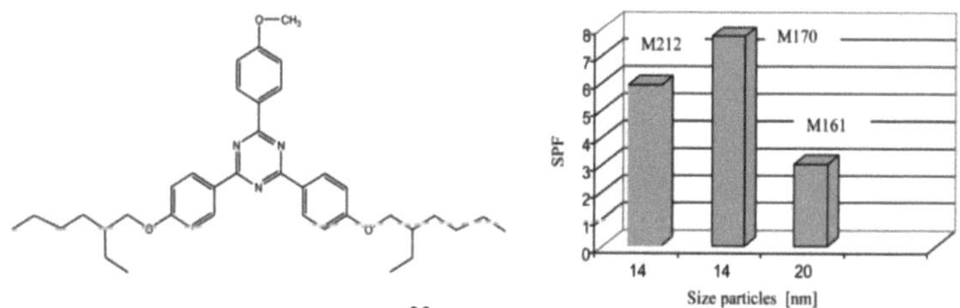

23

b)

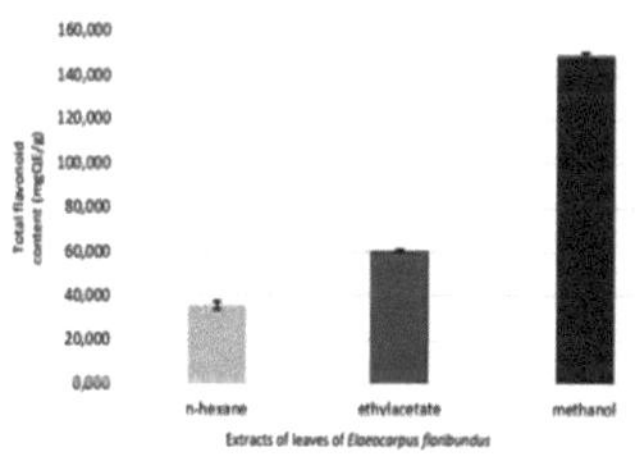

Tested Concentrations (μg/mL)	n-hexane extract SPF value	n-hexane extract Category*	Ethylacetate extract SPF value	Ethylacetate extract Category*	Methanol extract SPF value	Methanol extract Category*
1000	18.354	Ultra protection	44.018	Ultra protection	45.470	Ultra protection
800	14.867	Maximum protection	39.236	Ultra protection	44.791	Ultra protection
600	11.280	Maximum protection	30.842	Ultra protection	43.754	Ultra protection
400	7.312	Extra protection	20.509	Ultra protection	38.861	Ultra protection
200	3.637	Minimum protection	10.028	Maximum protection	21.102	Ultra protection

24

Figura 13. a). Fotoprotecção de tecidos dérmicos para BEMT (**23**). b). Atividade de proteção solar de *E. floribundus* blume (**24**).

Avaliar a relação entre a quantidade de fenol e o teor de flavonóides e a atividade antioxidante e o fator de proteção solar. De acordo com este estudo, existe uma relação entre o FPS e a concentração de fenólicos e flavonóides. As composições de proteção solar podem utilizar o FPS adequado proporcionado por um extrato de folhas de *C. melo* obtido por ultra-sons (**25**) (**figura 14a**).[45] Além disso, um filtro UV natural pode ser utilizado na formulação como um único protetor solar de largo espetro da espécie Lippia (**26**). Para calcular o seu fator de proteção UVB, mediu-se primeiro a transmissão UV dos protectores solares gerados a partir de quatro espécies distintas de Lippia. Em seguida, utilizando a espetroscopia de transmissão difusa, foram determinados o FPS in vivo e o fator de proteção contra a radiação UVA in vitro (FPAU) do extrato da espécie com os melhores resultados. As classificações do FPS in vitro para os protectores solares naturais variaram entre 1,7 e 7,6. A espécie *L. sericea* forneceu o FPS mais elevado; quando utilizada como um único filtro UV numa loção, teve um FPS in vivo de 7,5 e um FPAV de 2,97. Descobriu-se que o conteúdo polifenólico global da planta, e não a sua capacidade flavonoide ou antioxidante, é o que confere a este protetor solar as suas propriedades fotoprotectoras. Consequentemente, os resultados deste estudo mostraram que *o* protetor solar natural *da L. sericea* pode um dia vir a ter utilidade comercial (**Figura 14b**).[46]

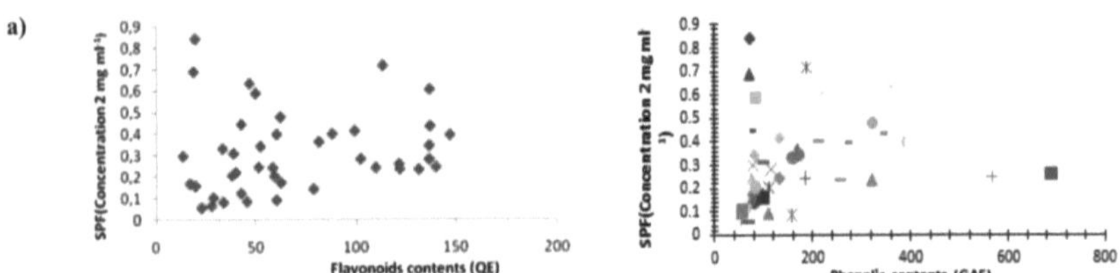

25

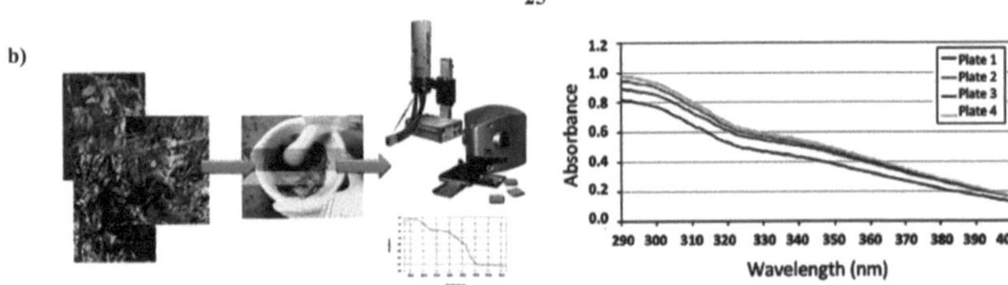

26

Figura 14. a). Fator de proteção solar dos compostos flavonóides (**25**). b). Formulação de proteção solar da *Lippia sericea* brasileira (**26**).

Além disso, os flavonóides e os fenilpropanóides relacionados, que se acumulam como compostos absorventes de raios ultravioleta (**27**) e causam uma diminuição da transmitância epidérmica de UV (TUV), são as principais defesas utilizadas pelas plantas contra a radiação solar UV potencialmente nociva. Estes compostos são também partes essenciais da reação global de aclimatação das plantas a ambientes solares UV variáveis. Desconhece-se totalmente se as plantas podem modificar as suas defesas de proteção solar contra a radiação UV em reação a variações bruscas de UV, que ocorrem diariamente. O estudo demonstra que as plantas podem modificar as suas caraterísticas de proteção UV entre minutos e horas e que a radiação UV é uma parte do que causa estas mudanças. Ocorreram grandes alterações (30-50%) e reversíveis no TUV durante o dia para a espécie domesticada Abelmoschus esculentus, e estas modificações foram associadas a variações nas quantidades de vários glicosídeos de quercetina e de compostos absorventes de UV em folhas inteiras. Foram encontrados resultados semelhantes em mais duas espécies (*Vicia faba* e *Solanum lycopersicum*), no entanto, Zea mays não apresentou tais alterações. Estes resultados têm implicações práticas na utilização de UV para aumentar o vigor e a qualidade das culturas em ambientes controlados. Levantam também questões importantes sobre os custos e as vantagens das estratégias de proteção UV nas plantas (**Figura 15a**).[47] As substâncias absorventes de ultravioletas (**28**) (flavonóides e fenilpropanóides relacionados) na epiderme das plantas superiores reduzem a difusão da radiação solar UV para os tecidos subjacentes e funcionam como um mecanismo fundamental de aclimatação às condições variáveis de UV provocadas pela destruição do ozono e pelas alterações climáticas. Um gradiente de radiação solar ultravioleta ambiente e de clima é representado pela seleção de espécies de diversas plantas selvagens e cultivadas que crescem em quatro locais diferentes. Estudos não destrutivos do TUV adaxial revelaram que havia uma heterogeneidade interespecífica significativa na amplitude destas alterações e que os declínios do TUV ao meio-dia ocorreram em 49% das espécies estudadas, abrangendo tipos de crescimento herbáceo e lenhoso. No geral, as plantas do Louisiana apresentaram mais flutuações diurnas no TUV do que as plantas dos outros locais. A extensão destas alterações foi também fortemente associada às temperaturas diárias mais baixas do ar em todos os taxa, mas não às irradiações UV diárias.

Os resultados mostram que as variações diurnas na proteção UV são comuns nas plantas superiores, variam entre e dentro das espécies e são frequentemente maiores nas plantas herbáceas que se desenvolvem em climas quentes. Estes resultados implicam que as espécies vegetais têm "estratégias" diferentes para se protegerem da radiação UV, embora ainda se desconheçam as implicações funcionais e ecológicas destas diferenças na proteção solar UV (**Figura 15b**).[48]

a)

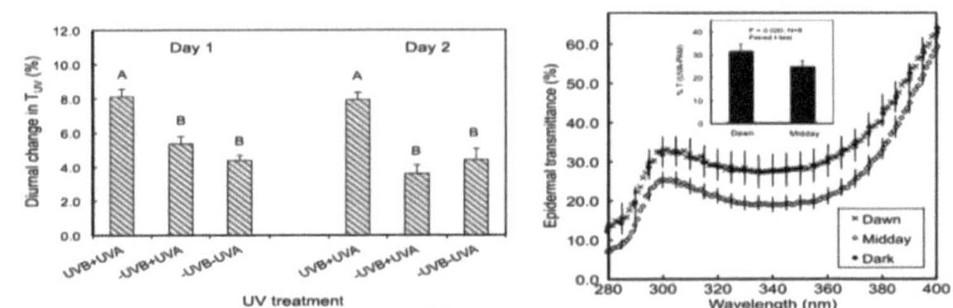

27

b)

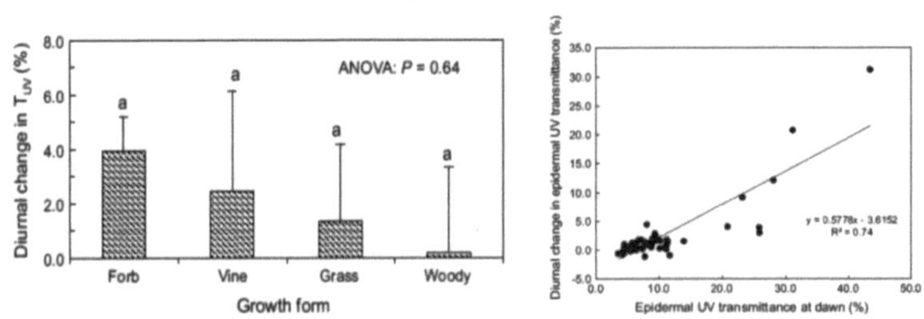

28

Figura 15. a). Radiação solar ultravioleta dos flavonóides (**27**). b). Proteção solar ultravioleta dos flavonóides (**28**).

A criação e investigação de três formulações de protectores solares com flavonóides (**29**) foi bem sucedida. Descobriu-se que os protectores solares sofrem uma transferência intramolecular de protões em estado excitado utilizando espetroscopia de estado estacionário e teoria do funcional da densidade dependente do tempo. Os espectros de absorção UV-vis estimados e os espectros de emissão de fluorescência estão de acordo com os resultados das experiências com soluções de metanol. A curva de energia potencial mostra que a ausência de uma barreira energética nos três protectores solares torna o procedimento ESIPT simples de executar. Por conseguinte, a energia de excitação que foi absorvida pode regressar ao estado fundamental através de um processo de relaxamento não radiativo. Os três flavonóides podem funcionar como protectores solares, de acordo com os testes de estabilidade à luz. Para além de servir de base teórica para a criação de novos compostos de proteção solar, é um processo nos processos de proteção solar (**Figura 16a**).[49] O principal elemento ambiental que contribui para o eritema, a inflamação, o fotoenvelhecimento e a carcinogénese cutânea é a exposição à radiação UV. A vicenina-2 (**30**) é um bioflavonoide que foi identificado numa série de plantas terapêuticas. O impacto da vicenina-2 no stress oxidativo ligado à radiação UVB e na sinalização do fotoenvelhecimento nos fibroblastos dérmicos humanos (HDF). As células HDF entraram em apoptose em resultado do aumento acentuado dos níveis de ROS intracelular, peroxidação lipídica, danos no ADN e depleção de antioxidantes provocados pela irradiação UVB. Curiosamente, a vicenina-2 foi administrada às células HDF 1 hora antes da exposição aos UVB para suprimir a produção de ROS, TBARS, apoptose e danos no ADN. O stress oxidativo e o fotoenvelhecimento estão associados às MAPKs e à sinalização MMP, que são consideradas como fotoenvelhecimento e diferenciação. Impede a sobreexpressão das MAPK e das MMP nas células HDF após a exposição aos UVB. Devido às suas qualidades semelhantes às do protetor solar, poderia ser um potencial elemento bioativo para absorver os fotões UV e proteger as células da pele do stress oxidativo e dos sinais de fotoenvelhecimento relacionados com os UVB (**Figura 16b**).[50]

a)

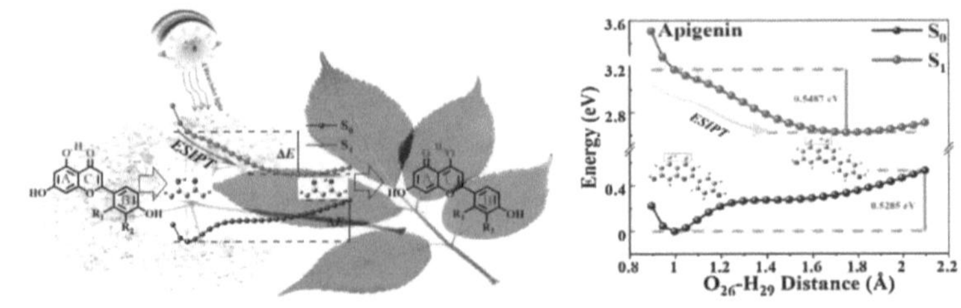

29

b)

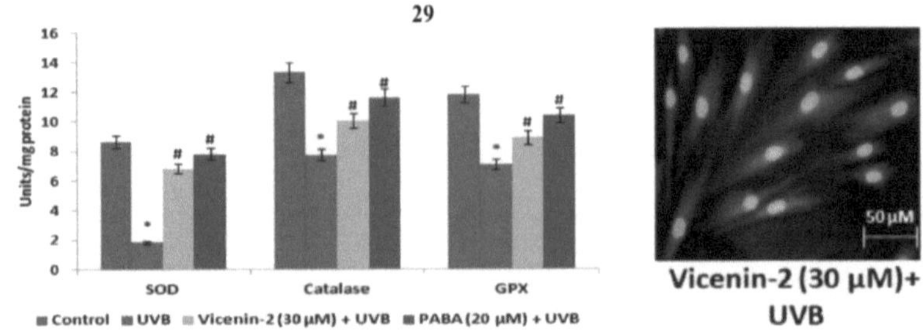

30

Figura 16. a). Mecanismo ESIPT dos flavonóides (**29**). b). Propriedades de proteção solar do Vicenin-2 ameliorates (**30**).

Os protectores solares à base de flavonóides oferecem a vantagem de serem compostos naturais com propriedades antioxidantes, proporcionando potencialmente benefícios adicionais para a pele para além da proteção UV. No entanto, a sua eficácia como bloqueadores de UV de largo espetro e a sua estabilidade em formulações de protectores solares podem ser limitadas em comparação com os filtros UV sintéticos, o que pode afetar as suas capacidades globais de proteção solar.

4. PROTECTOR SOLAR À BASE DE NANOPARTÍCULAS POLIMÉRICAS

A benzofenona-3 deve ser transportada por nanopartículas poliméricas **(31)** que foram preparadas e analisadas. Ao aumentar o fator de proteção solar, ao diminuir a penetração da BZ3 na pele e ao reduzir os níveis de BZ3 na formulação de protectores solares, os produtos de proteção solar podem tornar-se mais seguros. Utilizando o processo de homogeneização a alta pressão aquecida, o BZ3 foi incorporado em nanopartículas lipídicas sólidas (SLN) e nanopartículas de poli(épsilon-caprolactona) (PCL) através do método de nanoprecipitação. Durante quarenta dias, as partículas mantiveram-se estáveis. Em comparação com o BZ3 encerrado em SLN, o BZ3 encapsulado com nanopartículas de PCL foi libertado mais rapidamente. O encapsulamento do BZ3 em ambas as nanoestruturas melhorou o fator de proteção solar. No entanto, em comparação com o SLN-BZ3, as nanopartículas de PCL contendo BZ3 diminuíram mais a sua penetração na pele. Além disso, o BZ3 na SLN não apresentou quaisquer efeitos citotóxicos ou fototóxicos nos fibroblastos BABL/c 3T3 ou nos queratinócitos humanos (células HaCaT). No entanto, as nanopartículas de PCL contendo BZ3 indicaram o potencial de fototoxicidade nas células HaCaT. Apesar disso, os ratinhos não desenvolveram reacções alérgicas à BZ3, quer estivesse presente na forma livre ou contida em nanopartículas de PCL ou SLN. Os resultados sugerem que estas nanoestruturas podem ser intrigantes suportes de proteção solar **(Figura 17a)**.[51] É apresentado um novo método baseado na irradiação de electrões de polimetacrilato de metilo e poliestireno (PMMA-PS NPs) (**32**) para a criação de ingredientes activos não tóxicos para protectores solares.[52] Sob radiação de electrões, formam-se anéis aromáticos no PS e anéis alifáticos C=C conjugados no PMMA, conferindo propriedades de absorção de UV aos polímeros. A extensão da conjugação aumenta com uma maior fluência de electrões, levando a um desvio para o vermelho nos espectros de absorção. Os valores in vitro de SPF e PA das NPs de polímero bombardeadas demonstram a sua forte fotoestabilidade e notáveis capacidades de absorção de UV num amplo espetro de UV. Com base na norma OCDE TG 432, as NPs poliméricas irradiadas não apresentam qualquer evidência discernível de citotoxicidade ou fototoxicidade e são classificadas como compostos não-fotototóxicos. O processo de irradiação de electrões permite a produção em larga escala de nanopartículas não tóxicas e absorventes de UV. Consequentemente, este método proporciona um meio valioso de desenvolver ingredientes seguros para a proteção solar como alternativas aos compostos actuais que apresentam problemas de segurança. Além disso, a técnica pode ser utilizada para fabricar artigos de cuidados pessoais fotoprotectores, têxteis resistentes aos raios UV, revestimentos com proteção UV e filtros para a luz azul **(Figura 17b)**.

a)

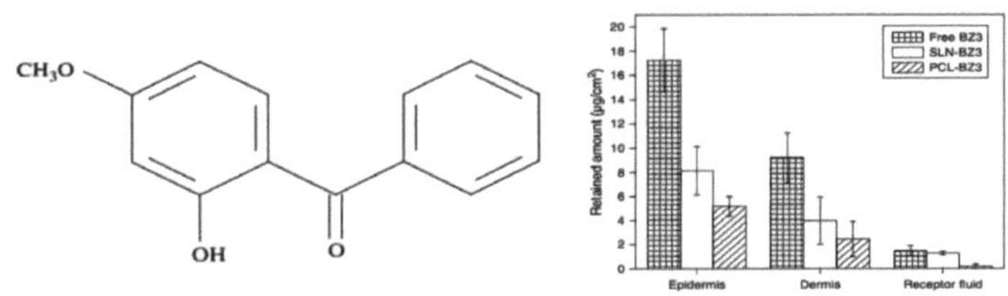

31

b)

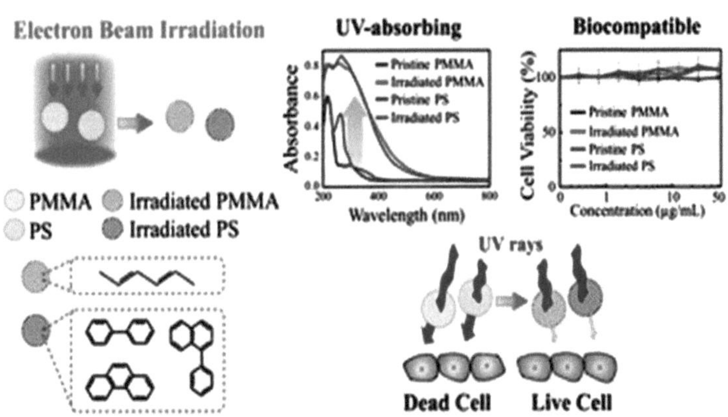

32

Figura 17. a). Permeação cutânea de polímero nanoestruturado (**31**). b). Aplicação de proteção solar de nanopartículas de polímero (**32**).

Para além disso, uma das coisas mais perigosas que pode danificar a pele é a radiação UV. O desenvolvimento de protectores solares que protejam eficazmente a pele da exposição excessiva à radiação UV está a progredir constantemente. O ácido fenilbenzimidazol-5-sulfónico (PBSA) é normalmente utilizado como agente bloqueador solar; no entanto, tem o inconveniente de se fotodegradar e de danificar potencialmente as células. Para criar um polímero transportador com capacidades únicas e poderosas, o PBSA foi primeiro encapsulado em nanopartículas de niosomas (**33**) e subsequentemente revestido com quitosano-aloe vera (CS-nio-aloe/PBSA). A degradação do PBSA e a penetração epidérmica são reguladas por este polímero. A espetroscopia de infravermelhos com transformada de Fourier, a microscopia eletrónica de varrimento, a microscopia eletrónica de transmissão e a dispersão dinâmica da luz foram utilizadas para caraterizar as nanopartículas de polímero CS-nio-aloe/PBSA. A pele de ratinho foi utilizada para medir a transparência epidérmica da PBSA revestida e investigar a taxa de libertação do polímero transportador *in vitro*. O polímero de nanopartículas contendo protetor solar foi produzido com sucesso, apresentando uma eficiência de encapsulamento de 80%. A superfície da pele foi totalmente coberta pela formulação (CS-nio-aloe/PBSA). Isto reforça a sua aplicação como protetor da pele e as suas nanoestruturas prolongam a libertação de PBSA. Uma melhor preservação celular, proteção UV, gestão de PBSA livre e penetração restrita na epiderme da pele do rato podem ser possíveis com PBSA encapsulado em nanopartículas de CS-nio-aloe **(Figura 18a)**.[53] Os protectores solares químicos, como o metoxicinamato de octilo (**34**, OMC), são frequentemente utilizados em cosméticos de proteção solar. Por outro lado, o contacto direto com a pele pode provocar riscos, como respostas fotossensíveis à pele. Uma forma intrigante de melhorar a fotoestabilidade dos filtros é envolver os filtros ultravioleta em microcápsulas. A fim de criar microcápsulas sinérgicas de proteção solar utilizando uma tecnologia de congelação sofisticada, foram utilizados caseinato de sódio (SC) e goma arábica (GA) como materiais de parede. O impacto do pH, da concentração da substância da parede e do rácio parede/núcleo no desenvolvimento de microcápsulas OMC foi estudado através de muitos estudos. A forma, composição e estabilidade das microcápsulas de OMC são avaliadas utilizando TGA, FTIR e SEM. A microcápsula OMC apresenta uma forma de superfície lisa, uma distribuição de tamanho consistente e uma forte estabilidade térmica. Os resultados demonstram que, para UV-B (280-320 nm), a absorção de UV das microcápsulas de OMC é superior à da OMC não revestida. Além disso, em doze horas, a microcápsula OMC libertou 40% e a OMC libertou 65%; no entanto, o protetor solar da microcápsula OMC tem um fator de proteção solar 18,75% superior ao da OMC. A ligação hidrofóbica entre SC e OMC e a ligação eletrostática entre SC e GA podem ser responsáveis por esta ocorrência **(Figura 18b)**.[54]

a)

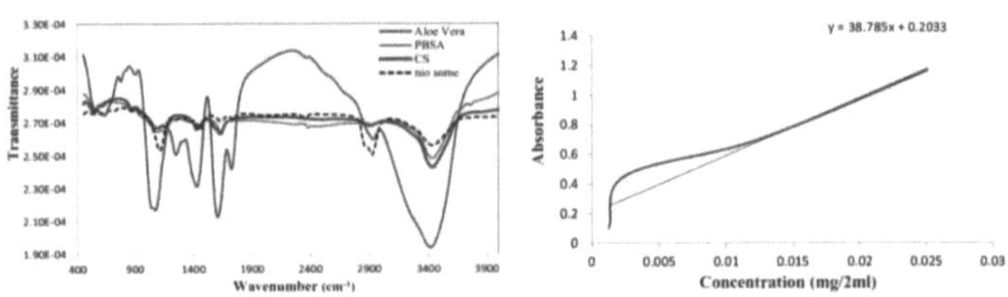

33

b)

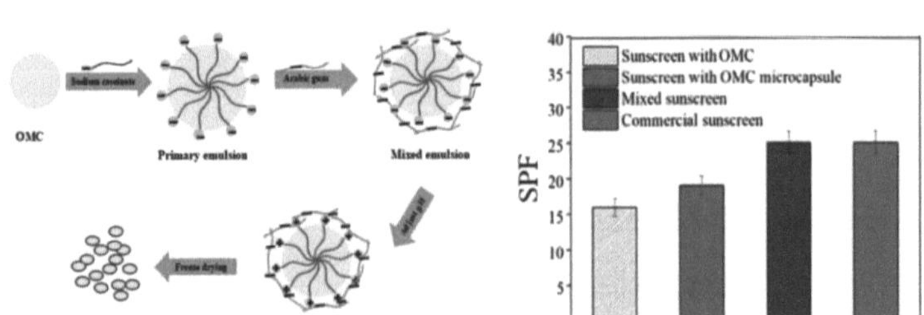

34

Figura 18. a). Proteção solar de nanopartículas de polímeros (**33**). b). Melhoria da proteção solar de biopolímeros (**34**).

O deslocamento de solvente foi utilizado para fabricar nanocápsulas de polímeros biodegradáveis (**35**) que continham o protetor solar lipofílico Parsol MCX (OMC) como núcleo de óleo. para analisar o potencial fotoprotector das formulações e a capacidade de carga de OMC, com efeitos de agente estabilizador (polissorbato 85, P-85, e poloxâmero 188, P-188). A rápida difusão do solvente através do contacto é provavelmente a causa da instabilidade da superfície que leva à criação de nanocápsulas. Foi determinado que a capacidade dos agentes estabilizadores para evitar a coalescência durante a difusão do solvente foi o que os tornou bem sucedidos. O P-85 superou o P-188 como estabilizador de nanocápsulas de poli(ε-Caprolactona). OMC tinha uma grande capacidade de carga. A elevada lipofilicidade do medicamento e a hidrofobicidade e cristalinidade do polímero controlam a libertação in vitro das nanocápsulas de OMC. As nanocápsulas de MAC oferecem uma proteção parcial significativamente melhor contra o eritema induzido pelos raios UV, quando comparadas com um gel convencional, como ilustrado na **(Figura 19a)**[51] . Através de uma abordagem de conceção experimental, os Na-lignossulfonatos (**36**) foram devidamente reavaliados como pares ideais com dois filtros seguros meticulosamente selecionados e bem explicados. A demonstração indica o potencial para atenuar os riscos para o ambiente marinho e para a saúde humana, fornecendo uma gama de emulsões fotoestáveis e não citotóxicas que vão do SPF15 ao SPF50, todas disponíveis mediante pedido. Estas emulsões contêm apenas 5% de LiS e concentrações mínimas de filtros orgânicos. A ausência de um filtro solar ideal resulta dos mecanismos frequentemente pouco claros que regem a decomposição e a acumulação microbiana nos ecossistemas. A exposição prolongada ao sol, mesmo com um protetor solar de elevado FPS, não garante a proteção contra danos graves na pele. Por exemplo, ajustando as caraterísticas de adsorção na interface sólido-líquido e optimizando a estrutura dos protectores solares micelares, poderá ser possível reduzir os níveis de BEMT e DHHB. Como ponto de partida adicional, as esferas coloidais de lenhina

OLV de tamanho médio a 10% aumentaram o fator de proteção solar (valor do protetor solar com apenas 2% de filtros orgânicos, de 10,7 para 47,7). Os valores de FPS encontrados in vitro neste estudo são exactos; no entanto, como as propriedades anti-inflamatórias do BEMT e do DHHB necessitam da medição do FPS in vivo para fins de marketing (embalagem) e legais, a avaliação final será inflacionada **(Figura 19b)**. [56]

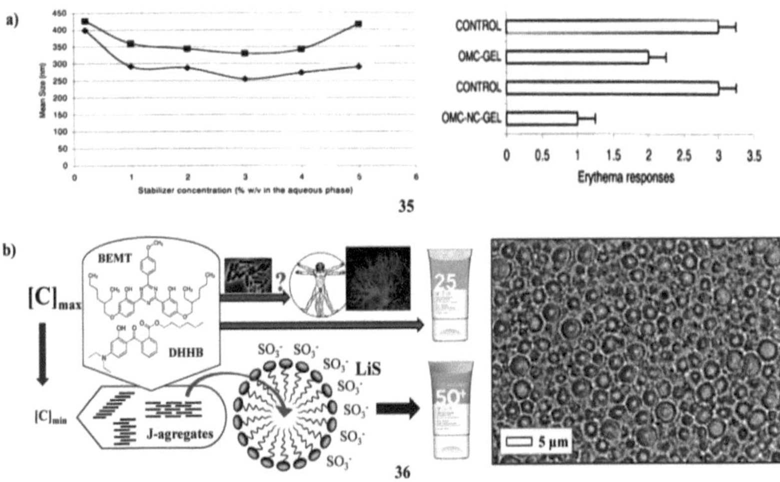

Figura 19. a). Fotoprotecção de nanocápsulas de polímero (**35**). b). Formulações de proteção solar de lignosulfonato (**36**).

A utilização de protectores solares é aconselhada para proteger os seres humanos dos raios UV que podem causar danos e o aparecimento de cancro. No entanto, devido aos seus pequenos pesos moleculares, os filtros UV orgânicos de pequenas moléculas incluídos nos protectores solares prejudicam o ecossistema e podem pôr em perigo a saúde dos utilizadores através da ação transdérmica. Uma abordagem para combinar a reação de Biginelli e a polimerização de radicais livres para criar filtros UV poliméricos (**37**) que sejam seguros e amigos dos corais. Criaram um polímero solúvel em água com uma absorção excecional de UV que protege eficazmente os ratos das queimaduras cutâneas causadas pela radiação UV, muito melhor do que os filtros UV de renome e os protectores solares de venda livre. Apesar do seu elevado peso molecular, este polímero não pode ser aplicado topicamente e é praticamente não tóxico para ratos, algas e corais. A compreensão da criação de um filtro UV polimérico amigo dos biocorais e dos corais através de uma reação multicomponente simples ajudará na criação de polímeros funcionais com valor adicional para aplicações no mundo real (**Figura 20a**).[57] As tintas, os protectores solares, os cosméticos, os alimentos e outros bens de consumo incluem nanopartículas de dióxido de titânio. Quando dispersas no ambiente, as substâncias estabilizadoras presentes nestes produtos podem alterar o destino das nanopartículas de $nTiO_2$. $nTiO_2$ comportamento de transporte e deposição em meios porosos em resultado das acções do carbómero TEGO (**38**), um ingrediente estabilizador polimérico utilizado em protectores solares. As colunas preenchidas com areia Federal Fine Ottawa foram submersas em soluções aquosas de $nTiO_2$ a pH 5,0 ou 7,5 ±0,2. A pH 5, que está dentro do ponto previsto de carga zero (PZC) do $nTiO_2$ (pH 6,3), o $nTiO_2$ não foi encontrado em amostras de efluentes na ausência de carbómero, mas mais de 80% do $nTiO_2$ foi eluído a pH 7,5.

a)

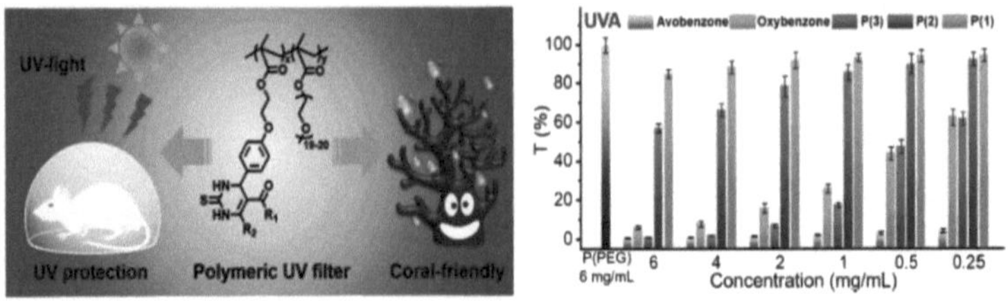

37

b)

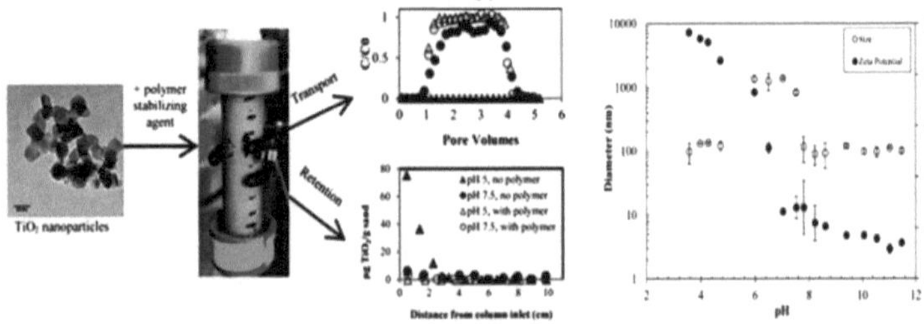

38

Figura 20. a). Proteção UV de compostos de coral (**37**). b). Aditivo de proteção solar polimérico de nanopartículas de dióxido de titânio (**38**).

A eluição do nTiO_2 foi superior a 94% a pH 5 e 7,5 após a adição de 3 mg de L^{-1} de carbómero, o que reduziu o PZC de 6,3 para menos de 5. Os dados de retenção e de rutura da coluna foram registados utilizando um modelo de transporte de nanopartículas que incluía um termo de capacidade de retenção máxima de primeira ordem. De acordo com os resultados do modelo, independentemente das alterações na química da solução, a adição de carbómero diminuiu a capacidade típica de retenção da fase sólida de 3,40 para 1,10 g de TiO_2 g^{-1} sand. Estes resultados mostram que os agentes estabilizadores poliméricos podem afetar significativamente o destino do nTiO_2 em meios porosos, aumentando potencialmente a mobilidade do nTiO_2 no meio envolvente e diminuindo a eficácia do sistema de filtração de nTiO_2 no ambiente e diminuindo a eficácia do sistema de filtragem (**Figura 20b**).[58]

Os fibroblastos da pele humana são utilizados para investigar a biocompatibilidade e o desempenho de proteção solar de um novo protetor solar que encapsula simultaneamente nanopartículas de óxido de zinco e octocrileno em nanopartículas de poli-estireno-co-metilmetacrilato (**39**, PMMA/PS) através da utilização de polimerização em miniemulsão. As nanopartículas de PMMA/PS com excelente eficiência de encapsulamento e caraterísticas físico-químicas positivas foram efetivamente utilizadas para encapsular filtros orgânicos e inorgânicos para utilização em protectores solares. Depois de adicionadas ao gel Artistoflex AVC, as nanopartículas produziram uma formulação semi-sólida branca, com um pH semelhante ao pH da pele e homogénea em todos os aspectos. O produto semi-sólido com ZnO e octocrileno em nanopartículas de PMMA demonstrou um bom fator de proteção solar (SPF > 30), obtendo uma classificação de 4 estrelas no Boots Star Rating System e sendo considerado um bom protetor solar UVA **(Figura 21a)**. [59] A simples combinação de filtros UV com revestimentos aquosos de PDMS reticuláveis permitiu a criação efectiva de protectores solares cutâneos à base de PDMS (**40**). Três tipos de protectores solares, PI, PO e POI, foram fabricados utilizando LDHs de Mg/Al + Fe e um absorvente orgânico de UV, tanto em combinação como de forma independente. Utilizando o método de hidrossililação à temperatura ambiente, todos os protectores solares podem transformar-se em películas elásticas transparentes com boa proteção UV em toda a gama UV (200-400 nm), desempenho mecânico análogo ao da pele, elevado WVT e força de adesão moderada. Entretanto, a taxa de WVT e a resistência mecânica das películas podem ser melhoradas por LDHs de Mg/Al + Fe. No entanto, especialmente em UV elevado, o absorvente orgânico de UV pode reduzir a resistência mecânica e fazer com que a superfície das películas de PO se torne gordurosa ou mesmo pegajosa. A sensação oleosa das películas de PO pode ser efetivamente eliminada pela adição de uma pequena quantidade de Mg/Al + Fe LDHs. É interessante notar que o protetor solar POI, que tem 2,08% em peso de absorvente orgânico de UV e 0,69% em peso de Mg/Al

+ Fe LDHs, mostrou um desempenho de proteção solar que estava a par com os protectores solares comerciais de SPF elevado. Uma concentração tão modesta de filtro UV atenua eficazmente as preocupações com a segurança dos protectores solares **(Figura 21b)**. [60]

a)

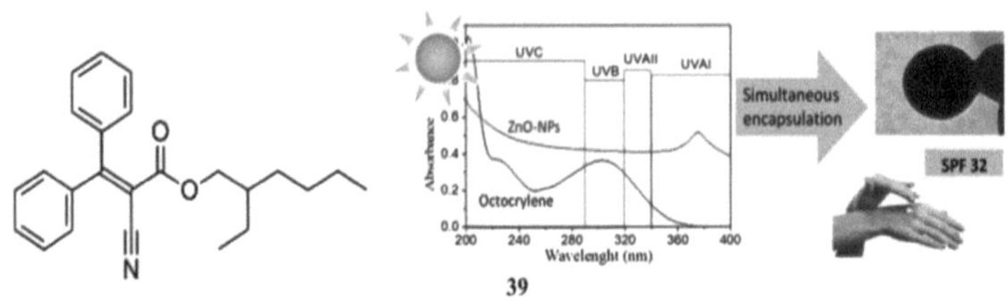

b) **39**

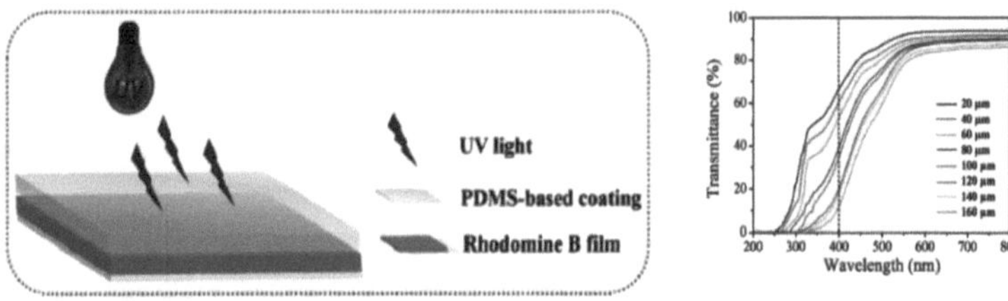

40

Figura 21. a). Formulações de protectores solares de octocrileno em nanopartículas de poli (metacrilato de metilo e co-estireno) (**39**). b). Protectores solares cutâneos baseados em revestimentos de polidimetilsiloxano (**40**).

As nanopartículas poliméricas nos protectores solares oferecem uma maior estabilidade e uma melhor proteção UV devido à sua capacidade de encapsular filtros UV, mas existem preocupações quanto à sua potencial penetração na pele e no ambiente, o que exige mais investigação e regulamentação para garantir a sua segurança e o seu impacto ambiental.

5. PROTECTOR SOLAR À BASE DE NANOPARTÍCULAS DE ÓXIDO METÁLICO

Nos cosméticos, as nanopartículas de dióxido de titânio (**41**) são frequentemente utilizadas. Estão nomeadamente presentes nos protectores solares devido à sua capacidade de absorver a radiação UV. No entanto, a sua biocompatibilidade é ainda discutível. Em particular, foram efectuados estudos *in vitro* e *in vivo* sobre as P25 da Degussa (P25TiO_2da Degussa expostas a radiação solar simulada. Após uma exposição de 6 horas a NPs P25TiO_2e à luz, a integridade dos tecidos e a viabilidade celular foram afectadas, com o TEM a fornecer provas da diminuição da qualidade dos tecidos, juntamente com potentes indicadores de stress oxidativo. Para evitar estas consequências indesejáveis, foi desenvolvido um novo substituto biocompatível baseado na rápida funcionalização sol-gel de nanopartículas de dióxido de titânio com vitamina B2. Estas nanopartículas com propriedades funcionais não apresentaram nenhum dos efeitos de fototoxicidade **(Figura 22a)**.[61] Além disso, as partículas com um tamanho determinado em nanómetros estão presentes em protectores solares à base de óxido de zinco (**42**). Neste estudo, foram encontradas nanopartículas em quatro protectores solares comerciais. As nanopartículas derivadas dos protectores solares apresentavam diversas morfologias, proporções e amplas gamas de tamanhos. Ao examinar o tamanho das partículas e a carga na superfície de cada nanopartícula, observou-se uma acumulação no seu comportamento em diferentes intervalos de tempo. Além disso, as caraterísticas do conteúdo de nanopartículas na extração e nos materiais comprados foram comparadas com as das amostras de águas residuais genuínas. De acordo com a comparação, verificou-se que as partículas de ferro e os co-contaminantes com outros componentes orgânicos eram a segunda composição mais comum das nanopartículas encontradas nas amostras de águas residuais, atrás dos elementos zinco, titânio e prata. Esta experiência demonstrou as diferentes morfologias das nanopartículas isoladas de protectores solares e de águas residuais. As alterações na morfologia, na forma e no tamanho das nanopartículas resultantes das interações com substâncias presentes nas águas residuais, na água do mar ou nas águas superficiais têm o potencial de modificar os seus efeitos negativos nos organismos aquáticos. Estes impactos podem ser diferentes dos observados quando se utilizam nanopartículas pristinas (**Figura 22b**).[62]

a)

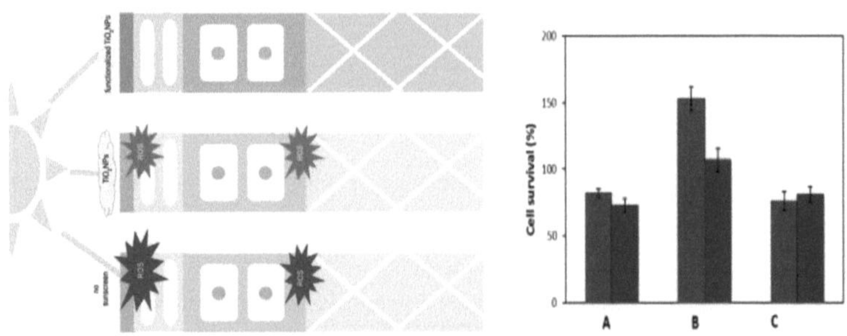

41

b)

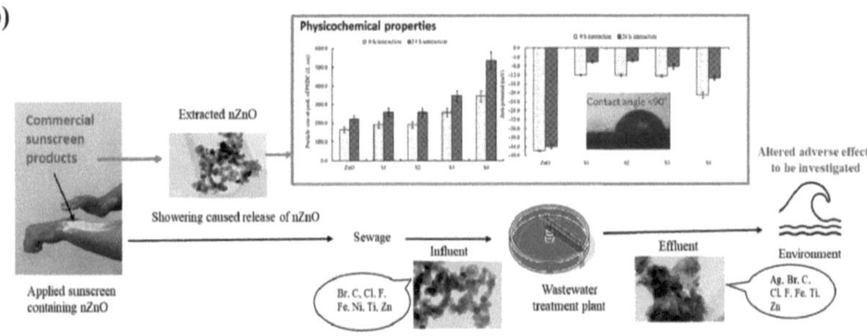

42

Figura 22. a). Estudo in vitro de protectores solares de nanopartículas de TiO_2 (**41**). b). Estudo físico-químico de protectores solares com nanopartículas de ZnO (**42**).

Além disso, foi efectuada uma avaliação intra-laboratorial para determinar a eficácia de uma técnica de identificação de nanopartículas de TiO_2-(**43**) que se encontram em protectores solares que contêm tanto Ti de gama nanométrica superior como Ti de escala nanométricaO_2 para além de partículas de óxido de ferro. Para produzir os erros de medição relacionados com o cálculo da distribuição do tamanho das partículas com base na massa com o cálculo quantitativo do raio hidrodinâmico por fracionamento assimétrico do campo de fluxo (AF4), foram realizadas três medições em duplicado durante cinco dias diferentes. A análise dos ENP de TiO_2 ENPs encontrados em protectores solares utilizando a separação-multidetecção AF4 produz resultados quantitativos com uma incerteza baseada na precisão de 3,9-8,8%. Por conseguinte, esta abordagem pode ser considerada como tendo uma excelente exatidão. Por último, os dados tendenciosos indicam que a inexistência de uma norma de proteção solar que inclua ENPs de TiO_2significa que a exatidão da abordagem (u_t = 5,5-52%) só pode ser considerada como uma aproximação (**Figura 23a**).[63] Os componentes activos mais predominantes em muitos produtos comerciais, incluindo protectores solares, são as nanopartículas (**44**). Por conseguinte, é essencial caraterizar com precisão as nanopartículas presentes nestes artigos para melhorar a conceção dos produtos e compreender os potenciais efeitos toxicológicos das nanopartículas. Embora os métodos a granel possam fornecer algumas informações úteis, são frequentemente incapazes de distinguir as partículas individuais; em consequência, a caraterização de alta resolução das nanopartículas é frequentemente obtida através da microscopia eletrónica. No entanto, é necessário utilizar técnicas únicas in situ, uma vez que o tradicional TEM seco de alto vácuo não retrata corretamente as dispersões de nanopartículas. Os investigadores empregam uma série de metodologias, como a microscopia eletrónica de transmissão de células líquidas, a criogénica (crio)-TEM e a microscopia eletrónica de varrimento para examinar um protetor solar comercial que incorpora óxido de zinco e dióxido de titânio. A preparação da amostra não é necessária para a análise LCTEM, uma vez que esta pode detetar a dissolução do ZnO através da utilização de apenas nanopartículas de TiO_2 devido a artefactos do feixe. Em contrapartida, o ZnO e o TiO_2 podem ser caracterizados utilizando o crio-TEM, mas apenas os produtos puros (sem diluição) podem ser analisados utilizando o crio-SEM, o que influencia a caraterização no sentido de uma maior proporção de aglomerados e nanopartículas. Em última análise, para garantir a conceção e produção de produtos eficientes e seguros, uma caraterização precisa dos artigos de mercado só pode ser efectuada utilizando uma combinação de vários métodos EM in situ (**Figura 23b**). [64]

a)

b)

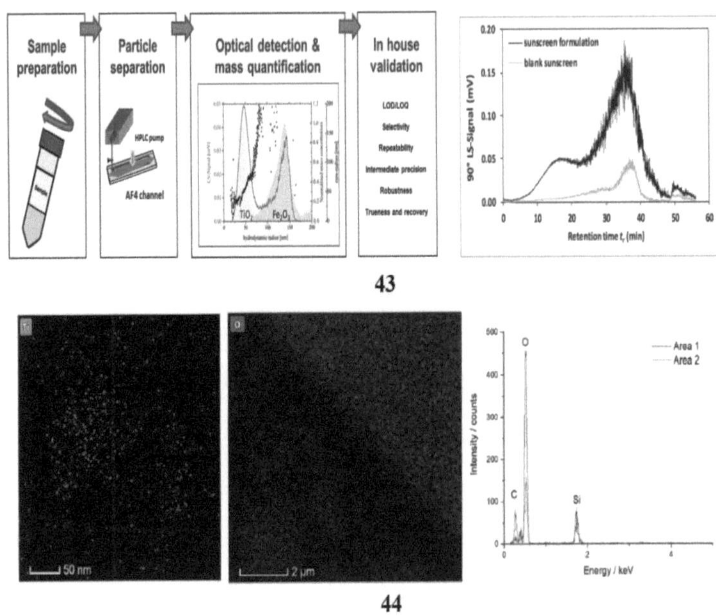

Figura 23. a). Avaliação intra-laboratorial de protectores solares de nanopartículas de TiO_2 (**43**). b). Técnicas de microscopia eletrónica de protectores solares de nanopartículas (**44**).

Foi utilizada uma abordagem personalizada de emulsificação com solvente para produzir eficazmente as SLN (**45**), e a dispersão de SLN resultante foi depois adicionada a uma base de creme para administração tópica. Para criar as nanopartículas lipídicas sólidas da planta fotoprotectora *Aloe vera*, foi utilizado monoestearato de glicerilo como lípido e Tween 80 como tensioativo. O perfil de libertação do fármaco demonstrou uma maior retenção tópica de aloé vera durante um período de tempo prolongado. Verificou-se que a loção tem um fator excecional de proteção solar e uma maior atividade fotoprotectora. A formulação do protetor solar foi submetida a um teste de irritação da pele e os resultados não revelaram quaisquer indicações de reacções de hipersensibilidade ou desconforto. Uma vez que os compostos metálicos são removidos das formulações de proteção solar, o efeito de proteção das nanoformulações à base de plantas abre a porta à utilização futura de nanopartículas lipídicas sólidas de pós e extractos botânicos em creme para obter vantagens benéficas adicionais com pouca toxicidade. (**Figura 24a**).[65] A fucoxantina (**46**) é um carotenoide natural que é considerado bioativo. Embora a estrutura poli-insaturada da fucoxantina a torne fisioquimicamente instável ao calor e ao ácido, é conhecida pela sua proteção contra a destruição celular induzida pelos raios UV-B em ratos sem pelo. Isto significa que a fucoxantina tem uma baixa biodisponibilidade, o que limita a sua utilização na indústria cosmética. Os sistemas de nanopartículas lipídicas sólidas são reconhecidos pela sua adequação como transportadores de agentes de proteção solar. Neste estudo, foram comparados os factores de proteção contra queimaduras solares de uma macroemulsão, bem como de uma fórmula SLN contendo diferentes tipos de agentes de proteção solar, respetivamente, para avaliar o efeito de reforço da proteção solar da SLN como transportador de um ingrediente funcional, em particular a fucoxantina. O tamanho das partículas, a análise DSC, a análise de raios X, o teste de estabilidade e outros resultados indicam que a fórmula SLN que carrega fucoxantina pode ser um sistema de entrega de ingredientes estável e altamente eficaz. Além disso, em comparação com outras fórmulas, a receita SLN demonstrou uma maior classificação SPF, indicando que tem um bom impacto de reforço do protetor solar. O estudo sugere que a utilização do SLN como transportador pode melhorar a biodisponibilidade da fucoxantina e permitir o fabrico de produtos de proteção solar em maior escala (**Figura 24b**).[66]

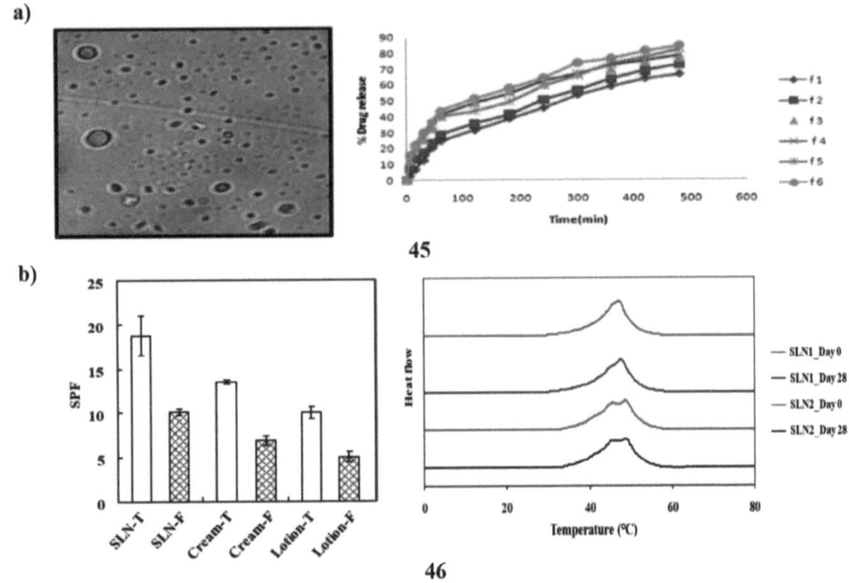

Figura 24. a). Potencial fotoprotector do protetor solar à base de nanopartículas lipídicas sólidas (**45**). b). Efeito de reforço do protetor solar das nanopartículas lipídicas sólidas (**46**).

Os absorventes de UV feitos de lenhina foram utilizados para criar protectores solares de base biológica mais seguros (**47**). Os absorventes de UV dos protectores solares com valores de transmitância UVB-SPF e UVA-UVB superiores aos das lenhinas kraft convencionais foram as chamadas CatLignins - lenhinas kraft parcialmente desmetiladas e alteradas de outra forma com uma abundância de auxocromos hidroxilo fenólicos e unidades de catecol. A transformação de lenhinas em nanopartículas melhorou consideravelmente o desempenho dos protectores solares. A transmitância UV do melhor protetor solar de lenhina, que continha nanopartículas lenhosas de CatLignin, era de apenas 0,5-3,8% em toda a área UVA-UVB, em comparação com 2,7-51,1% para um protetor solar comercial com FPS 15.

Os protectores solares à base de lignina são especialmente bons para aplicações com tons escuros de FPS (**Figura 25a**).[67] Em termos mais simples, o estudo analisou as nanopartículas de óxido de zinco (**48**, nZnO) de três protectores solares diferentes que podem lixiviar para a pele humana. A taxa de lixiviação variou entre os protectores solares, indo de 8% a 72%. Em seguida, testaram a toxicidade destes protectores solares numa pequena criatura marinha chamada *Tigriopus japonicus*. Os resultados mostraram que os protectores solares tinham diferentes níveis de toxicidade, variando a concentração necessária para causar danos.

a)

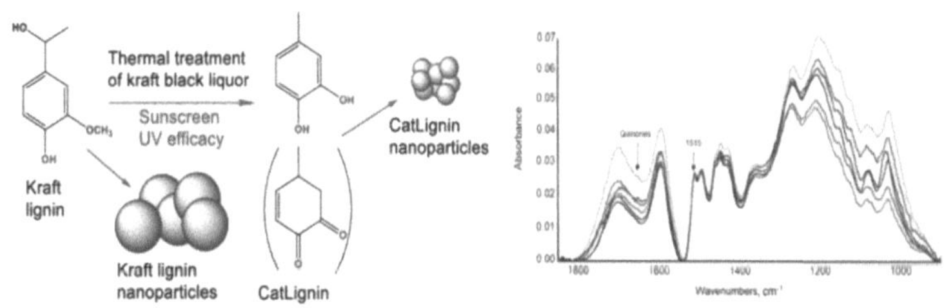

47

b)

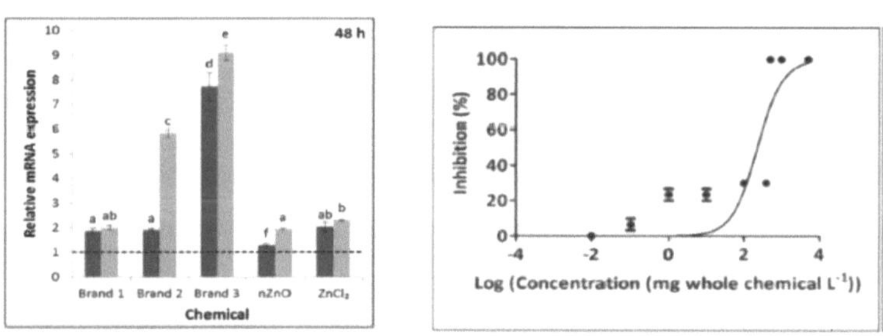

48

Figura 25. a). Estudo de absorção de protectores solares baseados em nanopartículas (**47**). b). Estudo de toxicidade de protectores solares à base de nanopartículas de ZnO (**48**).

As concentrações relativas medianas fatais de 96 horas dos três protectores solares para *T. japonicus* foram determinadas como sendo >5000, 230,6 e 43,0 mg chem L^{-1}o que se traduz em concentrações de Zn^{2+} de >82,5, 3,2, e 1,2 mg Zn L^{-1}. Com base nos resultados

dos testes in vivo, *o T. japonicus* mostrou um aumento na expressão de genes antioxidantes e na geração de espécies reactivas de oxigénio após ter sido exposto a cada protetor solar durante noventa e seis horas em doses ecologicamente realistas. Parece que a vida marinha pode estar em perigo devido a um estado de stress oxidativo causado por estes protectores solares que contêm nZnO (**Figura 25b**).[68]

Para preparar certas nanoestruturas lipídicas livres adequadas à co-encapsulação de filtros UV-A e UV-B (BMDBM e OCT), pode ser utilizado o método de homogeneização modificado de alta temperatura. Para co-encapsular os filtros solares, foram selecionados os SLN (**49**) fabricados com uma concentração de tensioativo de 3,5% utilizando o sistema tensioativo Tween 20/Poloxâmero/lecitina e os NLC fabricados com a mesma mistura tensioactiva mais 3% de lípido líquido. As nanopartículas lipídicas em dispersão e as formulações cosméticas desenvolvidas têm melhores propriedades de bloqueio dos raios UV quando são adicionados protectores solares. A eficácia de bloqueio UV da matriz lipídica e dos filtros UV orgânicos é melhorada pela presença de lípidos líquidos nas NLCs. É possível diminuir o número de filtros naturais na formulação cosmética final sem sacrificar a fotoprotecção ou os efeitos adversos, melhorando o desempenho de bloqueio UV dos protectores solares encapsulados em nanopartículas lipídicas (**Figura 26a**).[69] Os efeitos nocivos das NPs (**50**) em composições de protectores solares em *D. tertiolecta*, uma microalga marinha. Foi demonstrada uma toxicidade mais significativa em protectores solares que incluíam NPs quando o zinco estava também presente em combinação com TiO_2 sob a forma de NPs de ZnO e estearato de Zn. Isto implica que o zinco exerce uma toxicidade considerável nas formulações de protectores solares. Os principais indicadores do impacto foram a geração de ROS e danos no ADN. Como resultado, as algas foram expostas a NPs isoladas dos protectores solares, que tiveram efeitos genotóxicos. A supressão do crescimento foi igualmente observada nos protectores solares que continham NPs de ZnO. As reacções que as NPs isoladas dos protectores solares apresentaram não foram consistentes com as observadas em investigações que utilizaram nanopartículas industriais. Isto sugere que o processo de envelhecimento dos protectores solares pode ter um impacto na toxicidade final das nanopartículas de TiO_2 de Ti. Ao comparar os resultados dos testes realizados com protectores solares e os correspondentes extractos de nanopartículas, tornou-se evidente que os protectores solares em geral induziram efeitos adversos mais pronunciados. Isto sugere que os componentes das formulações dos protectores solares, para além das nanopartículas, podem possuir propriedades tóxicas. Esta observação é apoiada pela toxicidade exibida pelos protectores solares formulados sem nanopartículas. Além disso, existe a possibilidade de estes componentes actuarem em sinergia com as nanopartículas, amplificando o seu impacto global nos sistemas biológicos (**Figura 26b**).[70]

a)

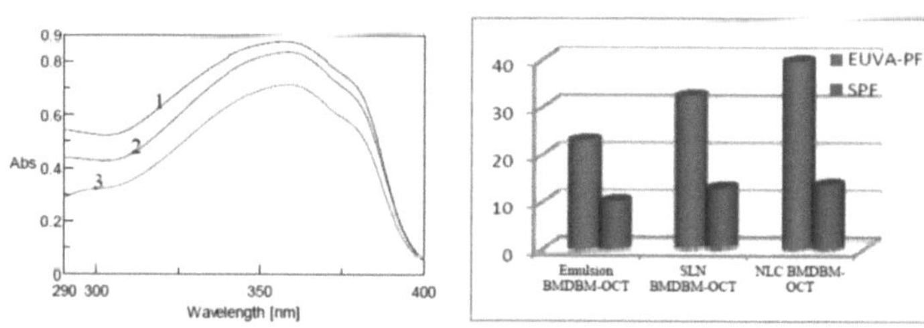

49

b)

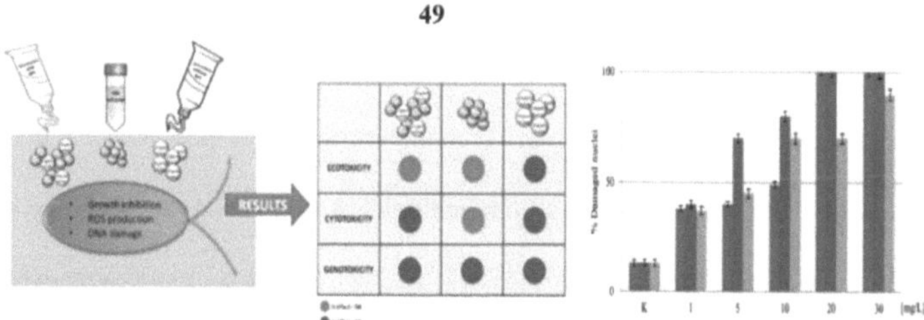

50

Figura 26. a). Estudo de absorção de nanopartículas lipídicas para encapsulamento de protectores solares (**49**). b). Efeitos adversos dos protectores solares à base de nanopartículas (**50**).

As nanopartículas de TiO_2 (**51**) presentes nas águas de superfície provêm maioritariamente de protectores solares. Devido à diferença entre as nanopartículas modelo frequentemente utilizadas nos estudos e as partículas mais complexas presentes nos produtos comerciais, o destino e a toxicidade destas partículas não foram completamente explorados. Para oferecer amostras de nanopartículas mais realistas para a próxima investigação, técnicas moderadas de extração de nanopartículas de TiO_2 utilizando protectores solares. Duas técnicas de remoção de nanopartículas de TiO_2 dos protectores solares que utilizam uma solução de surfactante como solvente baseiam-se na ultrafiltração e na ultracentrifugação, respetivamente. Onze protectores solares comerciais diferentes, com composições variadas, foram utilizados para testar estas estratégias. A forma de ultracentrifugação permite extrair cerca de 5 g de protetor solar em 250 mg num único dia. As taxas de recuperação por ultrafiltração e ultracentrifugação foram de 52-96% e 78-98%, respetivamente. Ao utilizar a espetrometria UV para medir a quantidade de avobenzona nos extractos de protectores solares, a eficácia de purificação da variante de ultracentrifugação foi considerada elevada em todos os protectores solares testados. Embora as caraterísticas de tamanho fossem semelhantes, foi encontrado um grau substancial de variabilidade na forma das partículas, utilizando uma combinação de microscopia eletrónica de transmissão e dispersão dinâmica da luz. Os pontos isoeléctricos de todos os extractos de protectores solares foram inferiores a 4,6. Todas as partículas de TiO_2 foram provavelmente revestidas, sendo a maioria delas revestidas com PDMS e as restantes com materiais à base de Al e Si, de acordo com a espetrometria de massa de iões secundários de luz desligada. Embora a geometria das principais nanopartículas não tenha sido afetada pelo processo de extração, estas encontravam-se agregadas no interior dos protectores solares, de acordo com uma comparação de imagens adquiridas através de microscopia eletrónica de transmissão criogénica das partículas no interior dos protectores solares e das partículas removidas. A ultrassonografia poderia quebrar esses aglomerados. Como resultado, em comparação com as nanopartículas modelo de TiO_2 o tamanho, a forma, a carga superficial e o revestimento das partículas extraídas podem ser considerados globalmente mais significativos (**Figura 27a**).[71] A lenhina kraft (**52**, KL) pode ser utilizada de várias formas. No entanto, a KL é difícil de empregar no fabrico de produtos para a pele e de nanopartículas devido à sua cor escura e à sua grande distribuição de tamanhos. Utilizando o fracionamento por membrana de ultrafiltração, a empresa de fabrico de papel separou a KL, obtendo quatro tipos distintos de lenhina com pesos moleculares variáveis. Depois disso, quatro variedades diferentes de UL foram utilizadas para se auto-montarem e criarem nanopartículas de lenhina ou ULNPs. A lenhina de baixo peso molecular, como a ULA, apresentou boas qualidades antioxidantes (89,47%, 5 mg/mL), uma elevada luminosidade (ISO% = 7,55), um elevado valor L* (L* = 72,3) e um baixo índice de polidispersão (PDI = 1,41), de acordo com uma análise das propriedades da UL e da ULNP. A ULNP apresentou uma elevada dispersão no protetor solar e uma distribuição de tamanho restrita (0,8-1,4 m). O valor do fator de proteção solar do protetor solar aumentou de 14,93 para 63,74 quando a ULNP foi aplicada com uma carga de 5%. Consequentemente, este estudo forneceu um método útil para a utilização total dos resíduos de polpa KL (**Figura 27b**).[72]

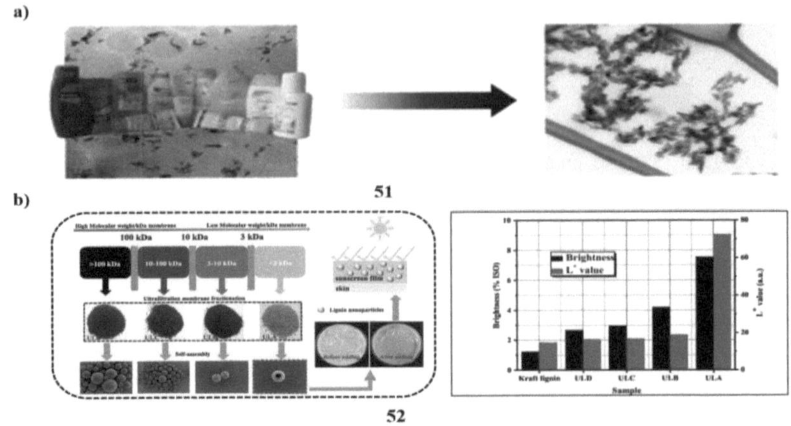

Figura 27. a). Estudo morfológico de protectores solares de nanopartículas de TiO_2 (**51**). b). Protectores solares à base de nanopartículas de lenhina que bloqueiam os raios UV (**52**).

Os produtos feitos de baba de caracol são muito apreciados e utilizados em todo o mundo. Como resultado, foram criadas nanopartículas de ouro utilizando baba de caracol como um método novo e alternativo, dando-lhes caraterísticas intrigantes. Os principais componentes do lodo foram utilizados para conceber o núcleo metálico inorgânico das nanopartículas de ouro híbridas com 14±6 nm de largura (**53**), que foram criadas através de um método simples e num só frasco. Entre as suas outras caraterísticas, foram investigadas diferentes actividades antioxidantes e inibidoras da tirosinase utilizando os testes DPPH e ABTS e tirosinase, respetivamente. Os resultados positivos permitiram a sua utilização como um novo e intrigante componente cosmético multifuncional. No entanto, a fotoestabilidade das nanopartículas de ouro, que foi estudada utilizando uma lâmpada de simulação solar, aponta para a sua possível utilização como substituto dos componentes inorgânicos de proteção solar que são frequentemente encontrados em soluções cosméticas convencionais de proteção solar. Foi avaliado o presumível Fator de Proteção Solar, tendo sido obtidos valores entre 0 e 12. A investigação de nanopartículas de ouro derivadas de baba de caracol como uma possível plataforma polivalente em cosméticos nunca foi tão apelativa graças à metodologia de produção de nanopartículas sugerida, ecologicamente benigna e economicamente vantajosa, que adere aos princípios da Química Verde (**Figura 28a**).[73] Os hidróxidos duplos em camadas (**54**, LDH) são blocos de construção adaptáveis para a criação de materiais de ponta. Raramente é mencionada a necessidade de investigar abordagens ecológicas ou sustentáveis. Neste estudo, o fator de proteção solar e as qualidades antioxidantes dos compósitos de LDH feitos com ingredientes naturais derivados do tomate. De acordo com os resultados, a concentração de 11% de matéria orgânica dos materiais compósitos é suficiente para aumentar as suas capacidades antioxidantes, tais como a sua atividade antioxidante mais forte em relação ao $ABTS^+$ do que em relação ao DPPH. Além disso, o compósito reduz a quantidade de degradação atmosférica do oxigénio que o ensaio Rapidoxy pode detetar, enquanto o SPF revela que as partículas LDH, e não o conteúdo orgânico, são mais importantes para a proteção do protetor solar. O composto de licopeno e de partículas de LDH aumenta a hidro-dispersibilidade do licopeno e reforça a sua estabilidade antioxidante, caraterísticas cruciais para a criação de componentes cosméticos ou dietéticos (**Figura 28b**).[74]

a)

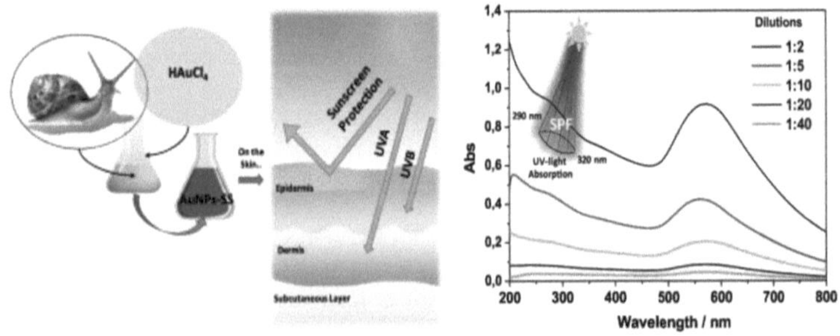

b)

53

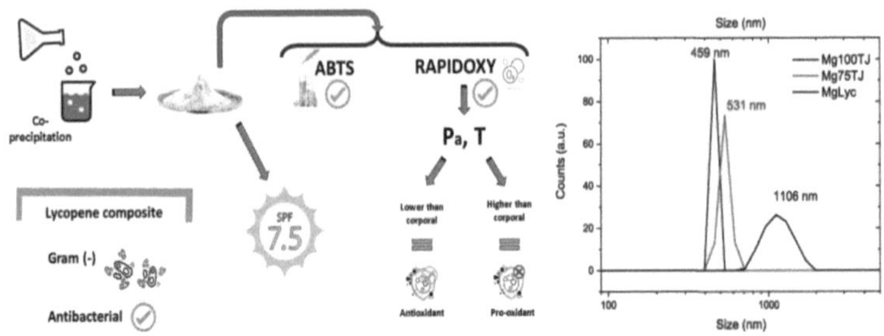

54

Figura 28. a). Espectros de absorção de nanopartículas de ouro à base de limo de caracol (**53**). b). Espectro de absorção de nanopartículas de hidróxido duplo (**54**).

Além disso, nanopartículas de óxido de zinco (**55**) dopadas com os elementos metálicos Al e Na são produzidas e caracterizadas de uma forma ambientalmente consciente para reduzir a função fotocatalítica do ZnO para utilização em protectores solares. O agente redutor para os materiais de óxido de zinco dopados com metais foi extraído da *Averrhoa carambola*, popularmente conhecida como carambola, e fabricado utilizando o processo de micro-ondas. Utilizando técnicas como TEM, EDX, SEM, espetroscopia UV-Vis e XRD, foram examinados os efeitos da dopagem com iões metálicos na estrutura cristalina, morfologia e propriedades ópticas do ZnO. As formulações de protetor solar com ZnO não dopado, ZnO dopado com Na e NPs de ZnO dopadas com Al tinham factores de proteção solar de 10,10, 25,10 e 43,08, respetivamente. Como resultado, o SPF de Na/ZnO e Al/ZnO foi maior. Além disso, os protectores solares e os nanomateriais produzidos apresentaram propriedades antioxidantes e foram eficazes contra uma variedade de bactérias, incluindo Gram-positivas e Gram-negativas. A atividade fotocatalítica das NPs de ZnO não dopadas, Na/ZnO e Al/ZnO foi avaliada utilizando o método de degradação do azul de metileno (MB). Os resultados mostraram que as taxas foram de 66%, 46% e 38%, respetivamente. Consequentemente, a atividade fotocatalítica das NPs de ZnO foi reduzida com a dopagem de Na- e Al devido às suas falhas estruturais. Al/ZnO é também uma escolha privilegiada para um componente em protectores solares (**Figura 29a**). [75] A síntese hidrotérmica foi utilizada para criar $TiO_2@Y_2O_3$ (**56**) com rácios de peso Y/Ti de 5 e 10 wt%. Quando o Y O23 foi adicionado ao TiO_2descobriu-se que, em comparação com o TiO_2 (P25), havia menos dispersão na região visível e mais absorção nas gamas de comprimentos de onda UVB e UVA curtos. Além disso, sob irradiação solar UV e simulada, estes compósitos reduziram significativamente a fotoactividade do TiO_2 (P25), medida por coloração com corante. O processo fundamental por detrás desta diminuição foi atribuído à inibição da produção de radicais livres por parte de Y_2O_3à inibição da produção de radicais livres e ao bloqueio da transferência de portadores de carga ativa a partir da camada revestida. Em todas as configurações de teste, as partículas compostas mostraram a maior vitalidade das células HaCaT, com a viabilidade celular a aumentar com a carga da superfície. Y_2O_3 carga superficial. Os compósitos pareciam apoiar a sobrevivência e a proliferação celular de uma forma dependente da concentração e da carga de ítria quando a luz UV estava ausente. A hipótese é que isto resulta do facto de as partículas menos activas tratadas à superfície induzirem menos stress oxidativo. As nanopartículas à base de TiO_2-produziram efeitos opostos sob radiação solar simulada, com aumento da morte celular e proteção contra a exposição à radiação em níveis de radiação baixos e elevados, respetivamente. A absorção de UV estabelecida e a eficiência fotocatalítica dos materiais examinados, respetivamente, foram atribuídas a estas reacções biológicas. Por conseguinte, o TiO_2@Y_2O_3 10 wt% apresentou a melhor proteção e a menor quantidade de morte celular induzida, seguido do TiO_2 (P25) e o compósito de 5 wt%. Os nanocompósitos à base de ítria apresentam caraterísticas ópticas e biocompatibilidade melhoradas, juntamente com uma diminuição da atividade fotocatalítica. Estes resultados sublinham as possíveis vantagens de incorporar estes materiais em formulações de proteção solar (**Figura 29b**).[76]

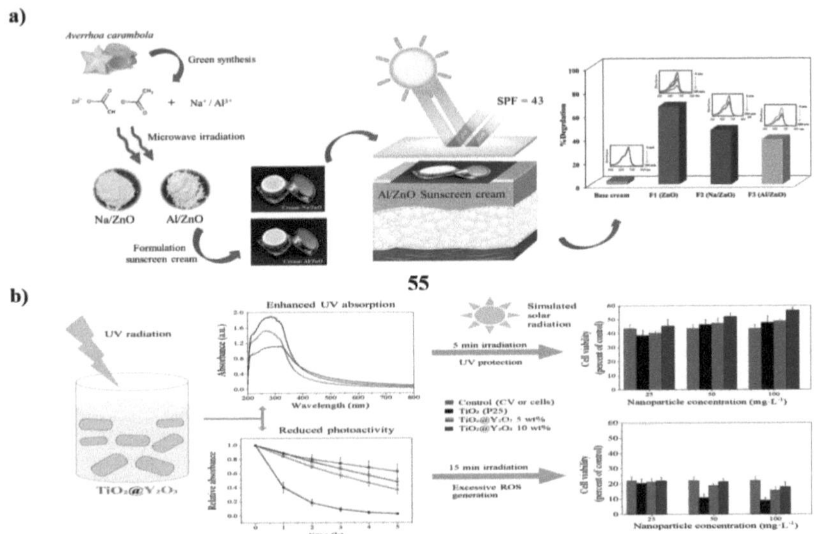

Figura 29. a). Aplicação potencial de protectores solares com base na dopagem de Na e Al em nanopartículas de ZnO (**55**). b). Atividade fotocatalítica de nanopartículas de Y_2O_3 decoradas de TiO_2 decoradas (**56**).

As nanopartículas estão a alargar as fronteiras da ciência, da tecnologia, da medicina e dos produtos de consumo, mas há cada vez mais preocupações quanto à sua potencial toxicidade para a saúde humana e o ambiente. Para avaliar a toxicidade das nanopartículas de óxido de zinco ZnO NPs (**57**), os investigadores compararam as ZnO NPs extraídas de protectores solares com ZnO NPs de qualidade industrial. Expuseram bactérias *E. coli* a concentrações variáveis de NPs de ZnO durante diferentes períodos de tempo. A análise revelou que o crescimento da *E. coli* e a produção de espécies reactivas de oxigénio (ROS) dependiam de factores como o tipo de partícula, o tamanho, o nível e a duração da exposição às NPs de ZnO. A produção de ROS foi observada como sendo maior durante a fase de crescimento em comparação com a fase estacionária. Nomeadamente, as NPs de ZnO industriais com tamanhos de partículas mais pequenos apresentaram maior toxicidade do que as extraídas de protectores solares, que tinham tamanhos de partículas maiores. A elevada toxicidade das partículas mais pequenas com uma distribuição homogénea é provavelmente atribuída ao seu tamanho, sugerindo uma potencial causa subjacente aos seus efeitos nocivos acrescidos (**Figura 30a**).[77] Além disso, as nanopartículas de lenhina (**58**) funcionam como fotoestabilizadores e transportadores sustentáveis de dois filtros químicos UV muito utilizados: o metoxicinamato de octilo e a avobenzona. Utilizando água desionizada como anti-solvente e dimetil isossorbida eco-certificada como solvente principal, os produtos químicos foram encapsulados em NPs de lenhina kraft por nanoprecipitação. Ambos os compostos aumentaram consideravelmente a estabilidade da meia-vida contra a irradiação UV após o encapsulamento. A coencapsulação da avobenzona e do metoxicinamato de octilo com hidroxitirosol, um fenol natural com atividade antioxidante que foi recuperado de resíduos de azeite e é conhecido pelas suas qualidades regeneradoras da pele, melhorou ainda mais as qualidades estabilizadoras das nanopartículas de lenhina (**Figura 30b**).[78]

a)

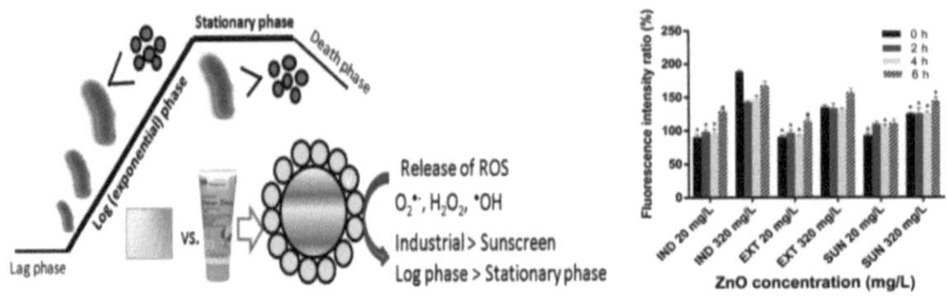

57

b)

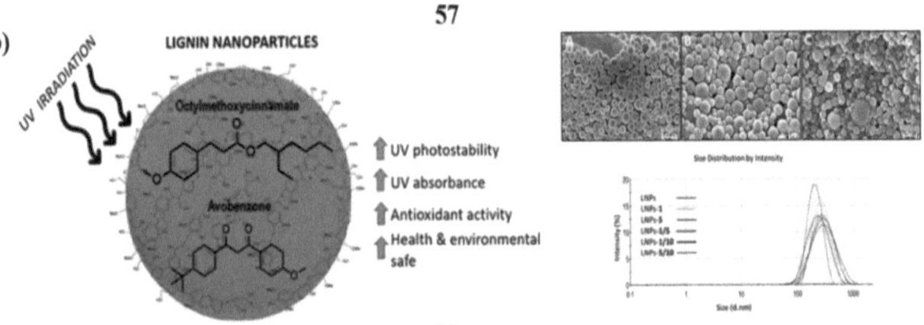

58

Figura 30. a). Efeito antibacteriano de nanopartículas de ZnO à base de protetor solar (**57**). b). Estudo fotoprotector de nanopartículas de lenhina (**58**).

As nanopartículas de lenhina (LNPs) (**59**) são utilizadas numa variedade de contextos industriais. Embora as LNPs possam ser nanoprecipitadas de forma rápida e económica, o processo continua a exigir a utilização de solventes orgânicos que podem ser perigosos, o que torna a sua aplicação generalizada um desafio. Foi desenvolvido um método escalável de nanoprecipitação utilizando isopropilideno glicerol e dimetilisosorbida, dois solventes químicos amigos do ambiente, para produzir nanopartículas coloidais de lenhina (cLNPs). Em comparação com as LNPs originais e a lenhina pura, as cLNPs demonstraram qualidades superiores de absorção de UV e atividade antioxidante, independentemente da configuração experimental. Após a sua aplicação, as cLNPs foram utilizadas para criar formulações de proteção solar amigas do ambiente que demonstraram uma forte atividade de proteção contra os raios UV, mesmo na ausência de filtros físicos (ZnO e TiO_2) e de reforços artificiais (microplásticos). Foram utilizados queratinócitos HaCaT humanos e equivalentes cutâneos humanos em experiências biológicas para demonstrar que não havia citotoxicidade ou genotoxicidade, o que é indicativo da melhor defesa possível da pele contra os danos causados pelos raios UV-A. (**Figura 31a**).[79] Um composto natural derivado do *Zanthoxylum xanthoxylum* chama-se Sanshool. Desempenha um papel crucial na prevenção dos fotodanos. No entanto, a sua utilização contínua é limitada pela sua instabilidade inata e pelo possível perigo de penetração na pele.

a)

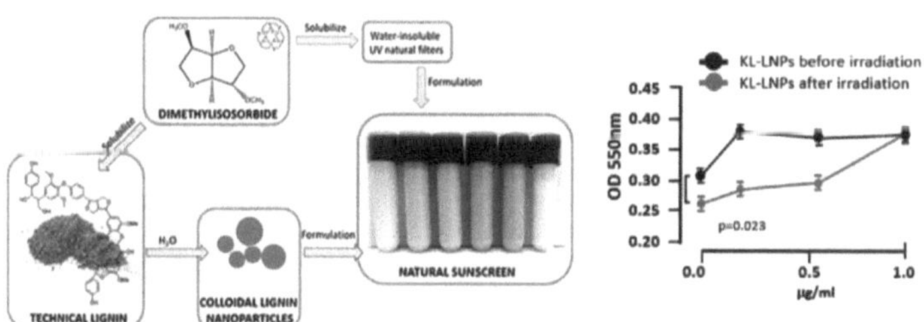

b)

59

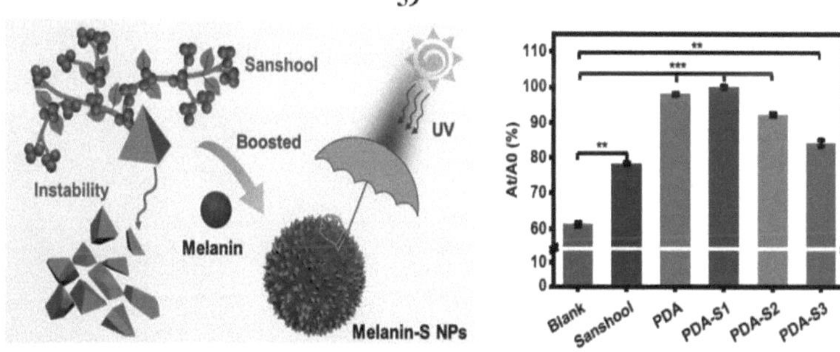

60

Figura 31. a). Formulações de proteção solar de nanopartículas de lenhina (**59**). b). Eficiência fotoprotectora de nanopartículas semelhantes à melanina (**60**).

Conceberam um método que utiliza materiais semelhantes à melanina para melhorar a eficiência e a estabilidade do sanshool, resultando na criação de nanopartículas de melanina-sanshool (**60**). Através de interações de esterificação de boro, os investigadores produziram com êxito NPs de melanina-S com tamanhos consistentes, estabilidade melhorada, absorção ultravioleta eficaz e capacidades antioxidantes em laboratório. Em seguida, aprofundaram o estudo da permeação cutânea, da atividade fotoprotectora e dos potenciais mecanismos das NPs de melanina-S utilizando modelos celulares e animais de fotodano cutâneo. Esta abordagem bioinspirada de utilização de nanomateriais à base de melanina serve como uma plataforma promissora para melhorar as propriedades cruciais de moléculas funcionais naturais como o sanshool, abrindo novas possibilidades para aplicações fotoprotectoras avançadas. (**Figura 31b**).[80, 81]

Os protectores solares à base de nanopartículas de óxido metálico oferecem uma proteção eficaz contra os raios UVA e UVB, sendo menos susceptíveis de causar irritação na pele do que os protectores solares químicos. No entanto, têm sido manifestadas preocupações quanto ao potencial impacto ambiental das nanopartículas de óxido metálico, em particular nos ecossistemas marinhos, e quanto ao seu potencial para causar stress oxidativo nas células.

6. CONCLUSÃO

O desenvolvimento e a aplicação de compostos cromóforos e nanopartículas em protectores solares representam um avanço significativo no aumento da eficácia da proteção solar, da fotoestabilidade e da sustentabilidade ambiental. Cada tipo de protetor solar tem o seu próprio conjunto de vantagens e desafios, e a melhor escolha resume-se frequentemente a um equilíbrio entre eficácia, segurança e atributos cosméticos. Os protectores solares à base de nanopartículas de óxido metálico, especificamente os que contêm dióxido de titânio e óxido de zinco, são geralmente preferidos devido à sua comprovada proteção de largo espetro, à redução da irritação da pele e à melhor aceitação cosmética. Constituem uma escolha fiável e bem estabelecida para muitos indivíduos, particularmente para os que têm pele sensível. Os protectores solares à base de flavonóides e de nanopartículas poliméricas são promissores e podem oferecer benefícios adicionais, como propriedades antioxidantes e maior estabilidade. No entanto, estas formulações ainda estão em fase de investigação e desenvolvimento para otimizar a sua eficácia, resolver problemas de estabilidade e garantir a segurança para uma utilização generalizada. Se a proteção de largo espetro comprovada, a redução da irritação da pele e a aceitabilidade cosmética forem as principais prioridades, os protectores solares à base de nanopartículas de óxido metálico podem ser a escolha preferida. A incorporação de nanopartículas, nomeadamente de óxido de zinco e dióxido de titânio, revolucionou as formulações de protectores solares, oferecendo uma proteção UV de largo espetro e mantendo uma aparência esteticamente agradável. A sua capacidade de dispersar e absorver a radiação UV sem deixar um resíduo inestético na pele é um avanço fundamental na indústria. Além disso, o encapsulamento de compostos cromóforos em nanopartículas tem-se revelado promissor no aumento da proteção UV através da absorção selectiva de comprimentos de onda específicos da luz. Os avanços na fotoestabilidade resultaram em protectores solares que suportam períodos mais longos de exposição solar, garantindo que a pele permanece protegida durante as actividades ao ar livre. A inclusão de antioxidantes como as vitaminas C e E reforça ainda mais as qualidades protectoras dos protectores solares, ajudando a neutralizar os radicais livres nocivos gerados pela radiação UV. A sustentabilidade também tem sido um tema central na investigação recente. A procura de ingredientes e formulações de protectores solares ecológicos e biodegradáveis tem ganho força, em resposta às preocupações relativas ao impacto ambiental dos produtos químicos dos protectores solares, em particular nos recifes de coral. A inclusão na proteção solar tem sido outro ponto fulcral, com o desenvolvimento de protectores solares adequados a uma vasta gama de tons de pele, respondendo assim às diversas necessidades da população. Não existe um "melhor" protetor solar universalmente aceite entre os protectores solares à base de benzofenona, nanopartículas, polímeros e flavonóides. Cada tipo tem prós e contras. A benzofenona oferece uma proteção UV de largo espetro, mas tem problemas de desregulação hormonal. As nanopartículas proporcionam uma proteção UV eficaz, mas têm preocupações ambientais e de segurança. Os protectores solares à base de polímeros são resistentes à água, mas necessitam de mais investigação sobre os efeitos a longo prazo. Os protectores solares à base de flavonóides têm propriedades antioxidantes, mas necessitam de mais estudos sobre a sua estabilidade. A investigação centra-se em melhorar a segurança, a eficácia e o impacto ambiental. Ao escolher, considere o seu tipo de pele, condições e preocupações éticas, e consulte um profissional para obter orientação. Estas inovações têm como objetivo oferecer soluções mais eficazes, ambientalmente responsáveis e inclusivas para proteger a pele dos efeitos nocivos da radiação UV. Em última análise, os esforços de colaboração entre cientistas, investigadores e a indústria dos cuidados da pele contribuem para um futuro mais brilhante, em que os protectores solares se tornam não só escudos protectores contra o sol, mas também símbolos de cuidados sustentáveis e inclusivos para a nossa pele e para o ambiente.

REFERÊNCIAS

1. D. I. S. P. Resende, A. Jesus, J. M. S. Lobo, E. Sousa, M. T. Cruz, H. Cidade, I. F. Almeida, Panorama atualizado da utilização de ingredientes naturais em protectores solares, *Pharmaceuticals,* **2023**, *15*, 372.

2. J. Cooney, M. Lenczewski, R. M. L. Bautista, K. Tucker, M. Davis, J. Rodriguez, Analysis of sunscreens and antibiotics in groundwater during the Covid-19 pandemic in the Riviera Maya, Mexico, *Sci. Total Environ*, **2023**, *894*, 164820.

3. K. Geoffrey, A. N. Mwangi, S. M. Maru, Produtos de proteção solar: Justificativa para uso, desenvolvimento de formulação e considerações regulatórias, *Saudi Pharm J*, **2019,** *27*, 1009-1018.

4. L. Fedunik, Super protetor solar, *New Sci*, **2023**, *259*, 41-43.

5. L. Kakuda, P. M. B. G. M. Campos, R. B. Zanin, L. N. Favaro, Desenvolvimento de protetores solares multifuncionais: Avaliação das propriedades físico-mecânicas e de formação de filme, *Int. J. Pharm*, **2023**, *635*, 122705.

6. M. Cowden, A. L. Whittock, E. L. Holt, V. G. Stavros, M. Wills, Síntese e caraterização de novos protectores solares compostos contendo motivos de avobenzona e octocrileno, *RSC Adv.*, **2023**, *13*, 17017-17027.

7. M. G. G. Márquez, J. C. R. Castañeda, N. S. R. Agawin, Sunscreen exposure interferes with physiological processes while inducing oxidative stress in seagrass Posidonia oceanica (L.) Delile, *Mar. Pollut. Bull*, **2023**, *187*, 114507.

8. M. Gebara, M. Green, H. Maibach, Sunscreen decontamination: a call to action for further research, *Arch Dermatol Res*, **2023**,315, 2749-2750.

9. M. S. Alsaidan, A. Alsohaimi, Z. G. Alanazi, A. Z. Alnefea, R. M. Alanazi, T. S. Algraene, Current practice and beliefs of parents towards sunscreen use for their children: A cross-sectional study, *Prev. Med. Rep*, **2023**, *34*, 102237.

10. M. Sharma, A. Sharma, A Review on Nature Based Sunscreen Agents, *IOP Conf. Ser.: Earth Environ. Sci.,* **2023**, *1110*, 012047.

11. P. Liu, Y . Guo, G . Guo, L . Dai, G . Hu, H. Xie, Copolímero alternativo de 3,4-dihidrocumarina e epóxidos com enxerto de lignina como ingrediente ativo e flexível em protectores solares, *Green Chem*, **2023**, *25*, 4469-4481.

12. P. Porrawatkul, P. Nuengmatcha, A. Kuyyogsuy, R. Pimsen, P. Rattanaburi, Effect of Na and Al doping on ZnO nanoparticles for potential application in sunscreens, *J. Photochem*, **2023**, *240*, 112668.

13. Q. Tong, Y. Xiao, Z. Yi, X. Chen, X. Jiang, X. Li, o conjunto de condensação polifenólica permitiu formulações biocompatíveis, antioxidantes e de cor clara de protetor solar de chá com proteção UV de banda larga, *Green Chem*, **2023**, *25*, 4387-4401.

14. R. M. Martins, S. S. Martins, G. L. F. Barbosa, E. G. N. Silva, M. J. V. Fonseca, L. A. P. Freitas, Componente natural e micropartículas lipídicas sólidas de filtro solar em protetor solar: Aumento do efeito fotoprotector e da fotoestabilidade, *J Drug Deliv Sci Technol*, **2023**, *88*, 104860.

15. S. Righi, E. Prato, G. Magnani, V. Lama, F. Biandolino, I. Parlapiano, F. Carella, M. Iafisco, A. Adamiano, Fosfatos de cálcio de espinhas de peixe em protectores solares: Um estudo de ACV e toxicidade de um material emergente para a economia circular, *Sci. Total Environ*, **2023**, *862*, 160751.

16. S. Soleimani, M. Yousefzadi, S. B. M. Nezhad, O. N. Pozharitskaya, A. N. Shikov, Potential of the Ethyl Acetate Fraction of *Padina boergesenii* as a Natural UV Filter in Sunscreen Cream Formulation, *Life*, **2023**; *13,* 239.

17. Sheng Hong, Zhangwen Peng, Meiying Wu, Yichu Nie, Yunfei Yi, Hui Cai, Xian-Zheng Zhang, Human-Hair-Derived Natural Particles as Multifunctional Sunscreen for Effective UV Protection, *ACS-Nano*, **2023**, *17*, 14943-14953.

18. B. Tugrul, H. G. Demirdag, A. H. Sahin, Vitamin D Levels in Children During Winter and the Relationship Between Sunscreen and Sun Protection Behaviors, *Dermatol. pract. concept,* **2023**, *13,* e2023190.

19. V. P. Chavda, D. Acharya, V. Hala, S. Daware, L. K. Vora, Sunscreens: A comprehensive review with the application of nanotechnology, *J Drug Deliv Sci Technol*, **2023**, *86*, 104720.

20. Y. Guo, M. Wang, Z. Wu, Y. Shi, Y. Wang, S. Zhang, B. Jin, S. Cui, G. Zhao, Ultrafast non-adiabatic dynamics of stilbene-based plant-derived sunscreens with cis-trans isomerization structures, *Spectrochim*, **2023**, *298*, 122759.

21. C. T. Cursino, F. S. Lisboa, A. S. Pyrrho, V. P. Sousa, F. Wypych, Layered double hydroxides intercalated with anionic surfactants/benzophenone as potential materials for sunscreens, *J. Colloid Interface Sci.*, **2013**, *397,* 88-95.

22. J. Ge, D. Huang, Z. Han, X. Wang, X. Wang, Z. Wang, Comportamento fotoquímico de protetores solares de benzofenona induzidos por nitrato em ambientes aquáticos, *Water Res,* **2019**, *153*, 178-186.

23. S. Heo, H. S. Hwang, Y. Jeong, K. Na, Eficácia da proteção da pele contra a irradiação UV e propriedade de penetração na pele de conjugados polissacarídeo-benzofenona como agente protetor solar, *Carbohydr. Polym,* **2018**, *195*, 534-541.

24. Y. Li, X. Qiao, C. Zhou, Y. Zhang, Z. Fu, J. Chen, Photochemical transformation of sunscreen agent benzophenone-3 and its metabolite in surface freshwater and seawater, *Chemosphere,* **2016**, *153,* 494-499.

25. T. Manasfi, M. Méo, B. Coulomb, C.Giorgio, S. Ravier, B. Jean-Luc, Desenvolvimento de atividade mutagénica transitória após a cloração do filtro solar UV dioxibenzona (benzofenona-8) em água rica em brometo, *Int. J. Hyg. Environ Health*, **2019**, *222*, 663-669.

26. C. A. Downs, J. C. DiNardo, D. Stien, A. M. S. Rodrigues, P. Lebaron, Benzophenone Accumulates over Time from the Degradation of Octocrylene in Commercial Sunscreen Products. *Chem. Res. Toxicol.* **2021**, 34, 1046-1054.

27. T. Zhan, S. Cui, X. Liu, C. Zhang, Y. M. Huang e S. Zhuang. Enhanced Disrupting Effect of Benzophenone-1 Chlorination Byproducts to the Androgen Recetor: Cell-Based Assays and Gaussian Accelerated Molecular Dynamics Simulations. *Chem. Res. Toxicol.* **2021**, 34, 1140-1149.

28. J. C. Shin, E. Lee, S. Ana, S. H. Jin, J. Ha, W. J. Choi, M. Noh, Benzofenona-3 e benzofenona-8 exibem atividade obesogénica através da via do recetor γ ativado por proliferador de peroxissoma. *Toxicologia in Vitro,* **2020**, *67,* 104886.

29. Z. M. Li, K. Kannan, Comprehensive Survey of 14 Benzophenone UV Filters in Sunscreen Products Marketed in the United States: Implications for Human Exposure. *Environ. Sci. Technol,* **2022**, *56*, 12473-12482.

30. A. W. S. Nska, K. KaBwbasiak, J. Pyzowski e E. BrzeziNska, Quantificação do protetor solar Benzofenona-4 em champôs para cabelo por cromatografia em camada fina de interações hidrofílicas/densitometria ou espetrofotometria UV derivada. *J. Anal Methods Chem,* **2015**, 695658.

31. A. P. Castro, A. L. M. Ruela, J. G. Amaral, M. H. Santos, G. R. Pereira e M. J. Marques. Um método indicativo de estabilidade por LC-UV para análise de 7-epi-clusianona extraída de frutos de Garcinia brasiliensis e uma nova benzofenona prenilada a partir da oxidação deste marcador molecular. *Anal. Methods*, **2019**, *11*, 3023-3032.

32. B. Zhang, J. Ruan, L. Xie, M. Gui, X. Bai e T. Zhang. Urinary benzophenone-type UV filters in people living in South China: rural versus urban areas. *Environ. Sci: Processes Impacts*, **2018**, *20*, 553-560.

33. H. Cai, L. Xia, Y. R. Lee, Construção regiosselectiva de 2-hidroxibenzofenonas diversas e multifuncionalizadas para proteção solar por benzanulação catalisada por índio (III). *Chem. Commun.*, **2016**, *52*, 7661-7664.

34. X. Huang, X. Wang, S. Wang, J. Yang, L. Zhong e J. Pan, libertação repetitiva desencadeada por UV e escuridão e encapsulamento de benzofenona-3 a partir de nanopartículas de ZnO biocompatíveis com potencial para proteção da pele. *Nanoscale*, **2013**, *5*, 5596-5601.

35. M. S. Akhtar, R. S. Thombal, R. J. I. Tamargo, W. G. Yang, S. H. Kim e Y. R. Lee. Construção seletiva controlada por organocatalisador e reagente ecologicamente correta de estruturas de 2-hidroxibenzofenona diversas e multifuncionalizadas para filtros UV-A / B potentes por benzanulação em cascata. *Green Chem*, **2020**, *22*, 4523-4531.

36. A. J. Rascón, P. R. Bautista, L. P. Colon, E. Ballesteros, Easy determination of benzophenone and its derivatives in sunscreen samples by Diret-Immersion Solid-Phase Microextraction and Gas Chromatography-Mass Spectrometry, *J Pharm Biomed Anal,* **2023**, 236, 115711.

37. R. D. Zamoiski, E. K. Cahoon, D. M. Freedman, M. S. Linet, Uso de protetor solar auto-relatado e concentrações urinárias de benzofenona-3 nos Estados Unidos: NHANES 2003-2006 e 2009-2012, *Environ. Res*, **2015**, *142*, 563-567,

38. F. Berbicz, A. C. Nogueira, A. M. Neto, M. R. M. Natali, M. L. Baesso, G. Matioli, Uso da espetroscopia fotoacústica na caraterização de complexos de inclusão de benzofenona-3-hidroxipropil-β-ciclodextrina e avaliação ex vivo da penetração percutânea de protetor solar. *Eur J Pharm Biopharm*, **2011**, *79*, 449-457.

39. L. C. Cefali, J. A. Ataide, A. R. Fernandes, I. M. O. Sousa, F. C. S. Gonçalves, S. Eberlin, J. L. Dávila, A. F. Jozala, M. V. Chaud, E. Sanchez-Lopez, Flavonoid-Enriched Plant-Extract-Loaded Emulsion: Uma nova formulação de protetor solar fitocosmético com propriedades antioxidantes. *Antioxidantes,* **2019,** *8*, 443.

40. Dianursanti, M. B. Prakasa, P. Nugroho, O efeito da adição de extrato de microalgas Spirulina platensis contendo flavonóides na formação de protectores solares em relação à estabilidade do creme e aos valores de FPS, *AIP Conf. Proc*, **2020,** *2255*, 040022.

41. K. Zombe, J. Nyirenda, A. Lumai, H. Phiri, Impacto do tipo de solvente no conteúdo total de fenóis e flavonóides e no fator de proteção solar do líquido bruto da casca de caju, *Sustain. Chem,* **2022**, *3*, 334-344.

42. N. T. Chinh, N. T. L. Anh, P. T. Thao, D. D. Quang, Propriedades Fotoprotectoras de Flavonóides Antioxidantes Naturais: Um estudo DFT e TD-DFT sobre derivados de acridona, *Vietnam J. Chem,* **2020,** *58,* 157-161.

43. N. Badea, M. Giurginca, A. Meghea, Complex Effects of Sunscreen Agents and Flavonoid Antioxidants Devoted to Enhance Photoprotection of Dermal Tissues, *Mol. Cryst. Liq. Crys,* **2008,** *486*, 183-192.

44. R. Utami, R. Syahputra, R. Dona, H. Fadhli, M. Furi, I. Ikhtiarudin, Teor total de flavonóides e estudo in vitro sobre a atividade de proteção solar de extractos de folhas de Elaeocarpus floribundus blume, *Pharm. Educ,* **2023,** *23,* 118-121.

45. Z. Hashemi, Fator de proteção solar, fenol total, conteúdo de flavonóides e atividade antioxidante de plantas medicinais do Irão, *Trop. J. Pharm. Res*, **2019,** *18,* 1443-1448.

46. H. C. Polonini, M. A. F. Brandao N. R. B. Raposo, Um protetor solar natural de amplo espetro formulado a partir do extrato seco da Lippia sericea brasileira como um único filtro UV, *RSC Adv.,* **2014**, *4*, 62566-62575.

47. P. W. Barnes, M. A. Tobler, K. K. Ring, S. D. Flint, A. E. Barkley, R. J. Ryel, R. L. Lindroth, A modulação rápida da proteção ultravioleta nas plantas é influenciada pela radiação ultravioleta solar e ligada a alterações nos flavonóides, *Plant Cell Environ,* **2016** *39*, 222-230.

48. W. P. Barnes, S. D. Flint, M. A. Tobler, R. J. Ryel, O ajuste diurno na proteção solar ultravioleta é generalizado entre as plantas superiores, *Oecologia*, **2016**, *181*, 55-63.

49. F. Ji, Y. Guo, M. Wang, C. Wang, Z. Wu, S. Wang, H. Wang, X. Feng, G. Zhao. New insights into ESIPT mechanism of three sunscreen compounds in solution: Um estudo experimental e teórico combinado. *Colloids Surf B Biointerfaces*, **2021**, *207*, 112039.

50. X. Duana, T. Wub, T. Liua, H. Yanga, X. Dinga, Y. Chena, Y. Mua, Vicenin-2 melhora os danos oxidativos e o fotoenvelhecimento *através da* modulação da sinalização de MAPKs e MMPs em células da pele humana expostas à radiação UVB. *J. Photochem. Photobiol.B: Biol.*, **2019**, *190*, 76-85.

51. P. D. Marcato, J. Caverzan, B. R. Bergmann, E. F. Pinto, D. Machado, R. A. Silva, G. Z. Justo, C. V. Ferreira, N. Durán, Nanostructured Polymer and Lipid Carriers for Sunscreen. Efeitos biológicos e permeação cutânea, *J. Nanosci. Nanotechnol.*, **2011**, *11*, 1880-1886.

52. S. Y. Lee, H. S. Lim, N. E. Lee, S. O. Cho, Nanopartículas de polímero absorventes de UV biocompatíveis preparadas por irradiação de electrões para aplicação em protectores solares, *RSC Adv*, **2020**, *10*, 356-361.

53. E. A. Mohamad, M. M. Rageh, M. M. Darwish, Um polímero de nanopartículas de proteção solar baseado num período de proteção prolongado, *J. Bioact*, *Compat. Polym.*, **2022**, *37*, 17-27.

54. C. Xu, X. Zeng, Z. Yang, H. Ji, Melhoria do protetor solar de microcápsulas de metoxicinamato de octilo utilizando dois biopolímeros como materiais de parede, *Polímeros*, **2021**, *13*, 866.

55. R. Alvarez-Román, G. Barré, R. H. Guy, H. Fessi, Biodegradable polymer nanocapsules containing a sunscreen agent: preparation and photoprotection, *Eur. J. Pharm. Biopharm,* **2001**, *52,* 191-195.

56. F. Lorquin, J. Lorquin, M. C. Bruno, M. Rollet, M. Robin, C. D. Giorgio, P. Piccerelle, Lignosulfonate is an efficient SPF booster: Aplicação a formulações de protectores solares ecológicos, *Sustain. Chem. Pharm,* **2021**, *24,* 100539.

57. Y. Zeng, X. He, Z. Ma, Y. Gou, Y. Wei, S. Pan, L. Tao, Coral-friendly sunscreen provides better UV protection than existing options, *Cell Rep. Phys. Sci,* ***2023,*** 101308.

58. J. Englehart, B. A. Lyon, M. D. Becker, Y. Wang, L. M. Abriola, K. D. Pennell, Influência de um aditivo de polímero de proteção solar no transporte e retenção de nanopartículas de dióxido de titânio em meios porosos saturados de água, *Environ. Sci: Nano*, **2016**, *3*, 157-168.

59. M. S. Frizzo, P. E. Feuser, P. H. Berres, E. R. Júnior, C. E. M. Campos, C. Costa, P. H. H. Araújo, C. Sayer, Encapsulamento simultâneo de óxido de zinco e octocrileno em

nanopartículas de poli (metacrilato de metila co-estireno) obtidas por polimerização em miniemulsão para uso em formulações de protetor solar, *Colloids Surf*, **2019**, *561*, 39-46.

60. P. Li, S. Wang e S. Zhou. Protectores solares confortáveis para a pele baseados em revestimentos de polidimetilsiloxano reticuláveis à base de água. *J. Mater. Chem. C*, **2020**, *8*, 17383-17394.

61. M. Virginia Vaudagna, V. Aiassa, A. Marcotti, M. F. P. Beti, M. F. Constantín, M. F. Pérez, A. Zoppi, M. C. Becerra, C. M. J. Silvero, Nanopartículas de dióxido de titânio em protetores solares e foto-danos à pele. Desenvolvimento, síntese e caraterização de uma nova alternativa biocompatível com base em seu estudo in vitro e in vivo, *J. Photochem Photobio*, **2023**, *15,* 100173.

62. A. U. H. Khan, Y. Liu, C. Fang, R. Naidu, H. K. Shon, Z. Rogers, R. Dharmarajan, Uma caraterização físico-química abrangente de nanopartículas de óxido de zinco extraídas de protectores solares e águas residuais, *Adv. Environ. Res*, **2023**, *12,* 100381.

63. M. Velimirovic, S. Wagner, R. Koeber, T. Hofmann, F. V. Kammer, Avaliação intra-laboratorial de um método para a deteção de nanopartículas de TiO_2 presentes em

protectores solares com base no fracionamento de fluxo assimétrico de fluxo de campo multi-detetor, *NanoImpact*, **2020,** *19*, 100233.

64. M. Ilett, E. Naveed, T. RoncalHerrero-, Z. Aslam, S. Micklethwaite, N. Hondow, Técnicas de microscopia eletrónica in situ para análise da dispersão de nanopartículas de protectores solares comerciais, *J Nanopart Res*, **2023,** *25*, 122.

65. L. R. Rodrigues, J. Jose, Explorando o potencial fotoprotector do creme protetor solar à base de nanopartículas lipídicas sólidas contendo *Aloe vera, Environ Sci Pollut Res*, **2020,** *27,* 20876-20888.

66. Y. J. Lee, G. W. Nam, Efeito de reforço do protetor solar por formulação de fucoxantina carregada de nanopartículas lipídicas sólidas, *Cosméticos,* **2020,** *7*, 14.

67. P. Widsten, T. Tamminen e T. Liitiä, Protetores solares naturais baseados em nanopartículas de lignina Kraft modificada (CatLignin), *ACS Omega,* **2020,** *5,* 13438-13446.

68. S. W. Y. Wong, G. J. Zhou, P. T. Y. Leung, J. Han, J. S. Lee, K. W. H. Kwok, K. M. Y. Leung, Sunscreens containing zinc oxide nanoparticles can trigger oxidative stress and toxicity to the marine copepod *Tigriopus japonicus*, *Mar. Pollut. Bull,* **2020,** *154*, 111078.

69. G. Niculae, N. Badea, O. C. Oprea, A. Meghea, Otimização da composição de nanopartículas lipídicas para encapsulamento de protectores solares, *UPB Sci. Bull. B: Chem. Mater. Sci*, **2013,** *75,* 79-92.

70. S. Schiavo, M. Oliviero, A. Philippe, S. Manzo, Os protectores solares à base de nanopartículas provocam efeitos adversos nas microalgas marinhas *Dunaliella tertiolecta*, *Environ. Sci. Nano*, **2018,** *5*, 3011-3022.

71. A. Philippe, J. Košík, A. Welle, J. M. Guigner, O. Clemens, G. E. Schaumann, Métodos de extração e caraterização de nanopartículas de dióxido de titânio de protectores solares comercializados. *Environ. Sci: Nano*, **2018**, *5*, 191-202.

72. J. Zhang, Z. Tian, X. X. Ji, F. Zhang, Extração de lenhina de cor clara por fracionamento de membrana de ultrafiltração para preparação de nanopartículas de lenhina como protetor solar bloqueador de UV. *Int J Biol Macromol*, **2023**, *231*, 123244.

73. V. Rizzi, J. Gubitosa, P. Fini , S. Nuzzo, A. Agostiano, P. Cosma. Nanopartículas de ouro à base de limo de caracol: Um potencial ingrediente interessante em cosméticos como antioxidante, protetor solar e inibidor da tirosinase. *J. Photochem. Photobiol. B: Biol*, **2021**, *224*, 112309.

74. R. N. M. Vázquez, F. P. P. Moisés, V. N. Rataj, J. A. Quijada, G. G. C. Arízaga, Compósito com ingredientes naturais e nanopartículas de hidróxido duplo em camadas como material antioxidante e protetor solar em pó. *Mater Sci Eng B,* **2023**, 297, 116810.

75. P. Porrawatkul, P. Nuengmatcha, A. Kuyyogsuy, R. Pimsen, Parintip Rattanaburi. Effect of Na and Al doping on ZnO nanoparticles for potential application in sunscreens. *J. Photochem. Photobiol. B: Biol*, **2023**, *240*, 112668.

76. M. C. Borrás, R. Sluyter, P. J. Barker, K. Konstantinov, S. Bakand. Y O_{23} nanopartículas de TiO_2 decoradas: Atenuação UV melhorada e atividade fotocatalítica suprimida, promissoras para aplicações cosméticas e de proteção solar. *J. Photochem. Photobiol. B: Biol*, **2020**, *207*, 111883.

77. S. Baek, S. H. Joo, N. Kumar, M. Toborek, Antibacterial effect and toxicity pathways of industrial and sunscreen ZnO nanoparticles on *Escherichia coli. J. Environ. Chem. Eng* **2017**, *5*, 3024-3032.

78. D. Piccinino, E. Capecchi, V. Trifero, E. Tomaino, C. Marconi, A. D. Giudice, L. Galantini, S. Poponi, A. Ruggieri e R. Saladino, Lignin Nanoparticles as Sustainable Photoprotective Carriers for Sunscreen Filters. *ACS Omega*, **2022**, *7*, 37070-37077.

79. D. Piccinino, E. Capecchi, I. Delfino, M. Crucianelli, N. Conte, D. Avitabile e R. Saladino. Preparação Verde e Escalável de Suspensão Coloidal de Nanopartículas de Lignina e sua Aplicação em Formulações de Protetor Solar Ecológico. *ACS Omega*, **2021**, *6*, 21444-21456.

80. L. Guo, T. Wang, Z. Li, S. Wu, Y. Xu, Z. Yang, Y. Li, Z. Gu e X. Jiang, Nanopartículas semelhantes a melanina aumentaram a eficiência fotoprotetora e a estabilidade do Sanshool. *Chem.Mater*, **2023**, *35*, 5420-5432.

81. M. Fonseca, M. Rehman, R. Soares e P. Fonte. O impacto das nanopartículas carregadas de flavonóides na proteção UV e no perfil de segurança dos protetores solares tópicos. *Biomolecules*, **2023**, 13, 493.

Perfil do autor

Dr. M. Rajasekar

O Dr. M. Rajasekar trabalha atualmente como Cientista-C/Professor Assistente (Investigação) no Centro de Ciências Moleculares e Nanomédicas, Centro Internacional de Investigação, Instituto Sathyabama de Ciência e Tecnologia (considerado Universidade), Chennai, desde 2018. Nasceu na aldeia de Agatheripattu, distrito de Tiruvannamalai em Tamil Nadu, Índia, e o seu principal interesse de investigação é na área da química orgânica sintética. Recebeu o grau de bacharel pelo Departamento de Química, Arignar Anna Govt. Arts College, Cheyyar, afiliado à Universidade de Madras em 2005 e o grau de mestre pelo Departamento de Química, C. Abdul Hakeem College of Arts and Science, Vellore, afiliado à Universidade Thiruvalluvar em 2007. Recebeu o grau de M. Phil do Departamento de Química, The New College, afiliado à Universidade de Madras, Chennai, em 2008. Trabalhou como professor convidado no Departamento de Química da Universidade de Anna, Chennai, de 26.06.2008 a 30.12.2008 e obteve o grau de doutoramento no Departamento de Química Orgânica da Universidade de Madras em 2015. Trabalhou como Pós-Doutorado Nacional (DST-SERB) na Universidade de Sathyabama, Chennai, de 2016 a 2018. Obteve os graus de B.Ed (2021) e M.Ed (2023) no Arunachala College of Education, afiliado à Tamil Nadu Teachers Education University, Chennai. Foi galardoado com os prémios NET, SLET, SET, NPDF, DSKPDF, Nehru PDF, Young Scientist e revisor do painel RSC Advances.

MIX
Papier aus verantwortungsvollen Quellen
Paper from responsible sources
FSC® C105338

Printed by Books on Demand GmbH, Norderstedt / Germany